日本全国

地元パン

甲斐みのり

ブックデザイン
漆原悠一、栗田茉奈（tento）

写真
米谷 享
（カバー、表紙、P6～21、24～33、36～43、
45～52、64～140、148～179、181～188、190～211）
甲斐みのり
（P22～23、34～35、58～61、141、
144～146、214～228）

編集
久保彩子（x-knowledge）

はじめに

各家庭で炊くごはんが〝家の味〟であるのに対して、地域に根付くパン屋が焼き、そこに暮らす人が共通して味わうパンは〝まちの味〟になる。各地のパンを知ることは、まちの歴史を紐解くことにもつながるからおもしろい。

主には「昭和20〜30年代までに創業した店や、地域の学校給食を手がけ、食糧難の時代から地元の食を支えてきた店が作る」「材料・かたち・ネーミング・パッケージに、地域性や時代性があらわれている」パンを「地元パン」と呼称し、研究・採集をはじめて20年近く経つ。その間、いくつもの店やパンの、閉業・終売を目の当たりにしてきた。戦後に創業した店は、3〜4代目に代替わりする頃。今は、スーパーやコンビニとどこでもおいしいパンが買えるようになり、まちに根付く小商いの形態が大きく変化している。愛する地元パンをできる限り記録に残したいという思いから、改めてこの本を作ろうと決めた。

この本の元となる『地元パン手帖』（グラフィック社）を２０１６年に上梓してから、7年の歳月が経過した。それからずっと、地域に根付くパンへの愛情は変わることなく、いまだパンの旅やフィールドワークを続けている。執筆だけでなく、百貨店などでのパンの催事、地元カプセルトイや地元パン文房の監修、ワークショップや講演会の機会も増えてきたため、「地元パン」で商標登録もおこなった。昔から慣れ親しんでいるパンは、これまであまりに当たり前すぎて、光が当たる機会がそう多くなかった。そんな中、店や職人さんに敬意を込めて、さまざまな角度から地元パンに関する活動を続けてきたところ、地元パンを愛する人の輪が広がってきていることを実感している。地元パンという存在を意識してみることで、昔ながらのパンの味わいや愛らしさに、気が付くきっかけになるだろう。

閉業した店、終売したパン、リニューアルしたパッケージを、なかったことにしたくなくて、今はなき店もパンも、ほとんどそのまま写真と名前を残している。また、諸事情から掲載できない店やパンも多々あって、その分、読んでくださったみなさま自身に、出身地や今住んでいる場所の、自らの地元パンを見つめていただけたらと願っています。

第1章
いい顔揃いのパン屋さん

「いい顔」をしたパンには、「いい物語」が詰まっている。全国各地で一目惚れしたパンとパン屋さん、その魅力や成り立ちをご紹介。

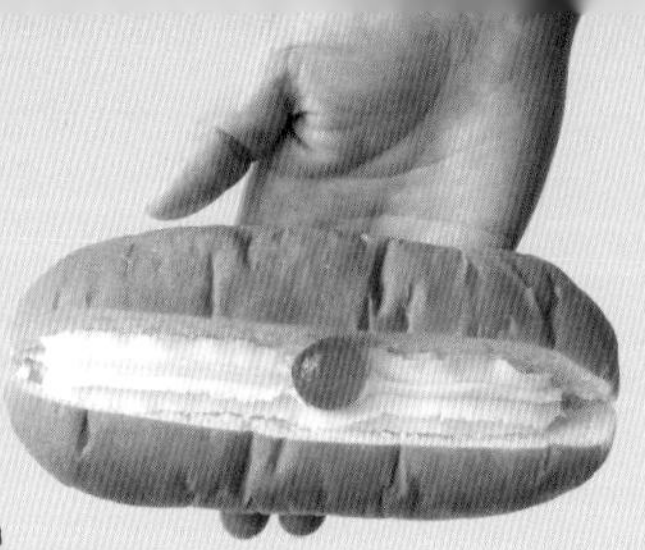

京都　**ササキパン**

〒612-8363 京都府京都市伏見区
納屋町117／TEL（075）611-1691

京都・伏見桃山の、昭和の趣を残す納屋町商店街で、100年以上の歴史があるパン店。創業は大正10年。当時は「金龍堂」という名前だった。今ではパンの街と称される京都に、まだ数軒しかパン店がなかった時代から続く老舗だ。

店頭には60種類以上のパンが並ぶが、お昼過ぎには売り切れてしまうものも多い。どこか懐かしさを覚える昔ながらのパンは、昭和30年頃から親しまれる味がほとんど。中でも関西らしさが表れているのが、中に白あんを入れたマクワウリ型の「メロンパン」と、表面に網目がついた「サンライズ」。関西ではもともと、マクワウリ型のメロンパンが主流だったので、区別をつけるために網目がついた方に、サンライズという別の呼び名が付いた。かつて双方の袋に「全糖」と文字があり、このパンが生まれた昭和30年代、砂糖が珍しかったことを物語っていた。その他のパンも袋も、愛嬌がにじむ顔揃い。個人的には、縦割りコッペパンにバタークリームを挟み、赤いゼリーをちょこんとのせた「ラインパン」が大好物。

袋のS・K・Bのロゴは
ササキ金龍堂ベーカリーの略

大粒のレーズンたっぷり

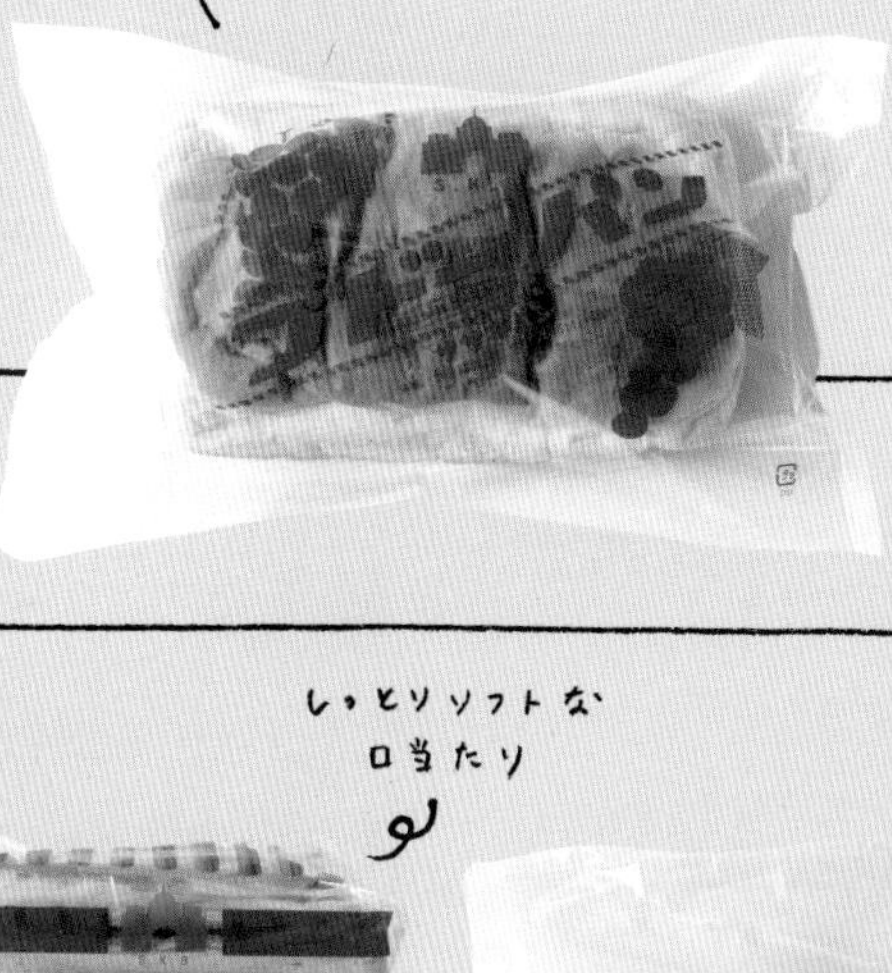

いわゆる
メロンパン

しっとりソフトな
口当たり

懐かしいグローブ型

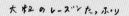

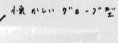

北海道

松月堂

〒049-5411 北海道虻田郡豊浦町字東雲町66／TEL（0142）83-2401

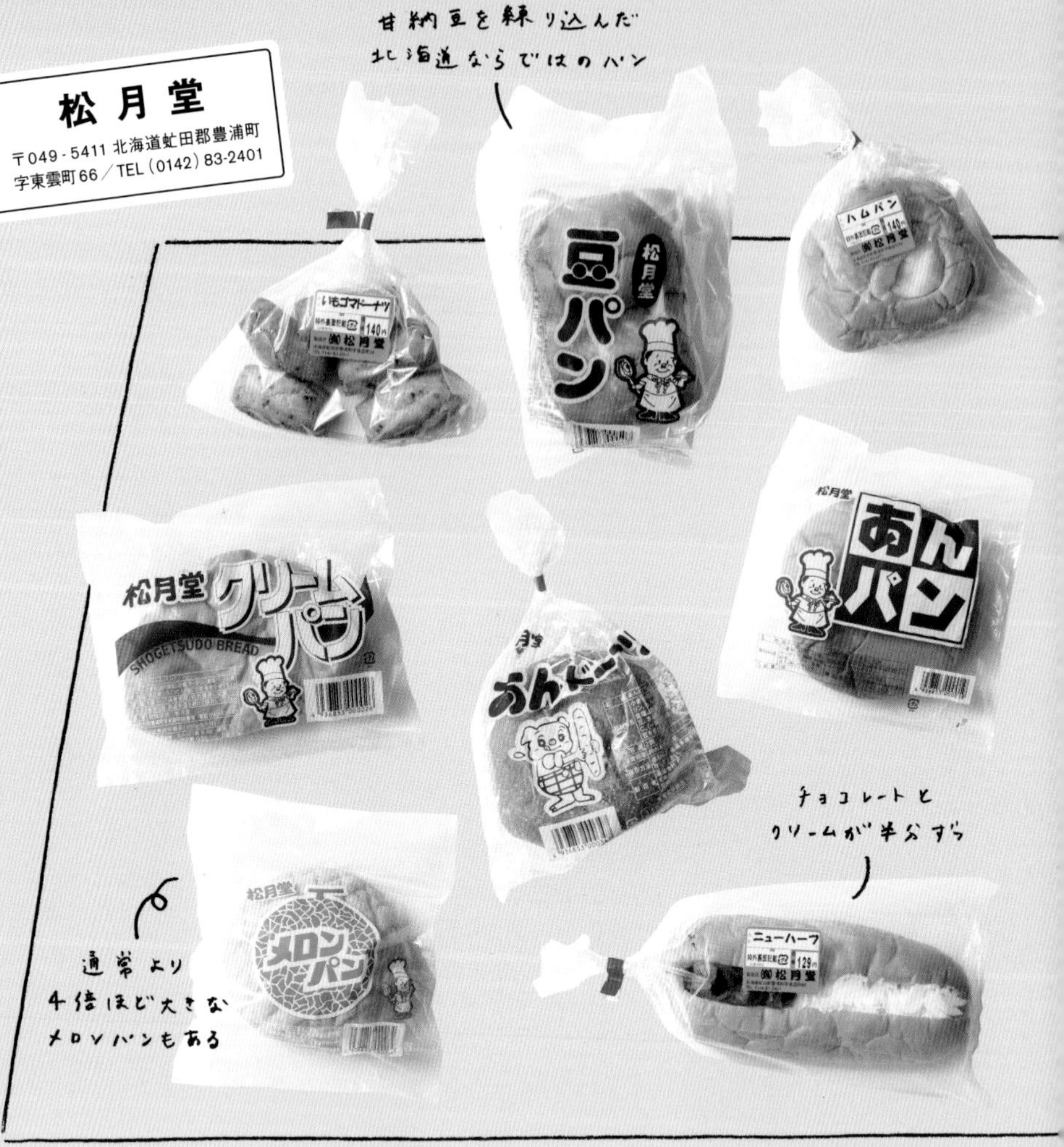

南は噴火湾のダイナミックな海岸線、北は昆布岳などの山岳地帯を有する自然豊かな北海道豊浦町。海や大地の恵みに溢れた食のまちのふるさと納税の返礼品にも選ばれているのが、パンや和菓子の製造をおこなう松月堂のパンセット。パンを販売する「道の駅とようら」が、故郷の味として提案したという。社長の娘たちが小学生の頃に描いた絵を袋のデザインにあしらったパンの種類は10種類ほど。縦切りのコッペパンにチョコレートクリームと生クリームを半分ずつ流し入れた「ニューハーフ」や、おやつに嬉しい「いもゴマドーナツ」、通常の4倍ほどの大きさの巨大メロンパンなども人気。

青森 工藤パン

〒030-0853 青森県青森市金沢3-22-1／TEL（017）776-1111

青森県むつ市で昭和7年に、工藤半右衛門が小規模のパン工場を開業。あんぱん、クリームパン、ジャムパン、玄米パンなどの製造から始まった。昭和42年の発売時から、工藤パンの看板を背負って立つ「イギリストースト」。自家製発酵種ルヴァンを使用し、しっとり食感の山型食パンに専用のマーガリンを塗り、グラニュー糖をかけたもの。イギリスパンと呼ばれる山型食パンの形から「イギリス」、語呂が良いので「トースト」の言葉を合わせ、その名がついた。

※左上「フライサンド」と右下「ミルクボール」は終売。

いろいろな味の種類がある

現在は終売

コーヒー風味の「カステラサンド」もあり

青森 加藤パン店

〒039-0141 青森県三戸郡三戸町川守田沖中6／TEL（0179）23-3876

店の近所に漫画家・馬場のぼるさんの生家

昭和20年代から続く「佐藤パン」で30年以上働いていた加藤利美さん。創業者亡きあと、業務を引き継ぐ形で平成8年に「加藤パン」を創業。初代の時代はリヤカーにパンを積み、行商していたこともあったそう。名物の「あんかけパン」は、先代が仙台での修行中に作り方を習得。粒あん入りのあんパンに、鍋を火にかけて溶かしたこしあんをコーティングしている。

あんパンを油で揚げたパン

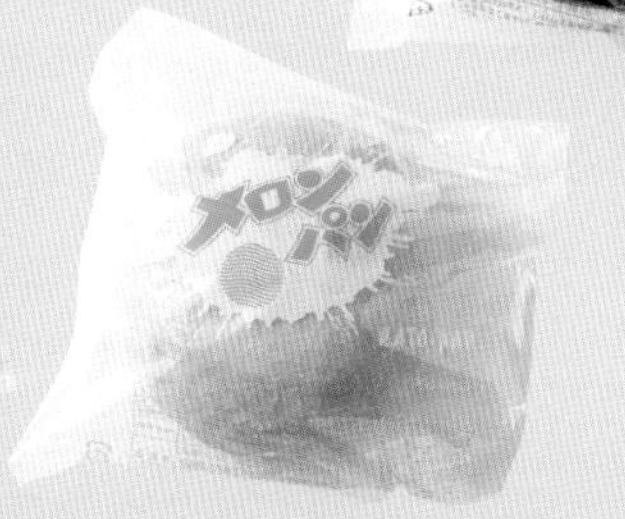

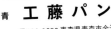

岩手

オリオンベーカリー

〒025-0003 岩手県花巻市東宮野目第12地割4-5／TEL（0198）24-0222

イギリスパンが
パン業界で流行っていた
昭和60年から販売

濃厚な味の
コーヒークリーム

袋のデザインも
発売当時のまま

大・小 2つの
サイズあり

宮沢賢治の故郷・岩手県花巻市で、昭和33年に創業したパンメーカー。スーパーなどでの販売が主流だが、工場に併設された直売所でも、直接パンを購入できる。花巻市のふるさと納税の返礼品にも選ばれ、岩手、秋田、宮城で販売されている「力あんぱん」

いろいろな味がある

50年以上変わらぬ味

濃いブラックコーヒー色のクリーム

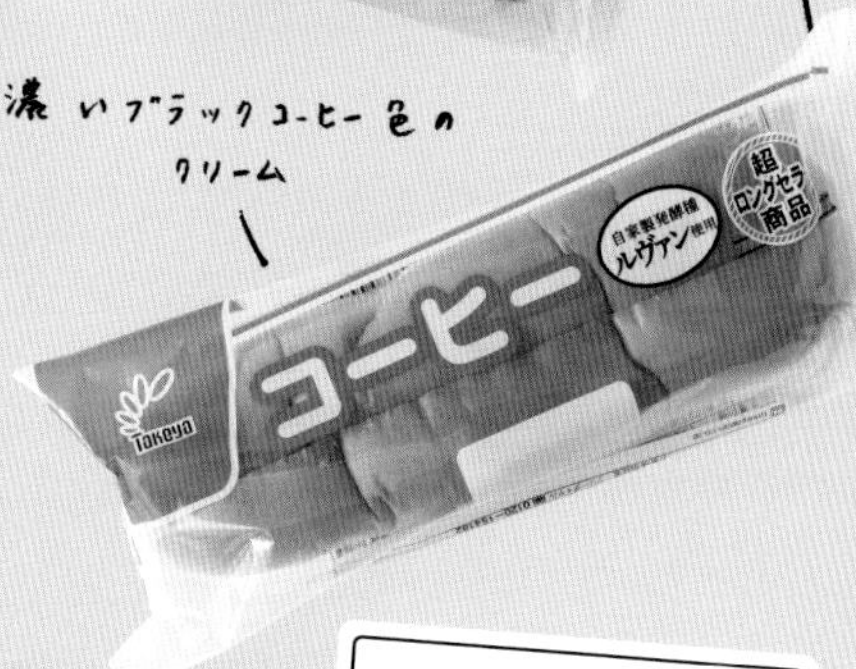

秋田

たけや製パン

〒010-0941 秋田県秋田市川尻町字大川反233-60／TEL（018）864-3117

昭和26年の創業時は、秋田駅前の5坪の店で、社長と3名の従業員のみで営業を始めた。それが今は秋田県内800店の販売店へ納品するまでに。スポンジケーキでバナナとホイップクリームを包んだ「バナナボート」は、高度成長期に甘いおやつをと昭和44年に誕生。カステラとミルククリームをパンで挟んだ「カステラサンド」、昭和40年頃から愛される、コーヒーフィリングをサンドした「コーヒー」、「学生調理」（P124）や「アベックトースト」（P101）と、ロングセラーのパンが多い。

は、昭和50年からのロングセラー。学生からの要望で誕生したという。平焼きすることで、パン生地と自社工場製の餅が密着し、独自の食感に。ペアルックが流行した70年代に誕生した「ペアリング」は、1つのパンで、バタークリームとアーモンドクリーム、2つ味を楽しめる。秋田県横手・湯沢地区周辺で一般的な「シュークリームパン」は、カスタードパンにチョコレートをかけ、大きなシュークリームをイメージ。「イギリスパン」は、山型食パンにマーガリンとグラニュー糖をたっぷりと。黒糖生地にコーヒークリーム挟んだ「コーヒーサンド」も、秋田県横手・湯沢地区周辺のご当地パン。秋田の業者が作っていたのを受け継いだ。

※たけや製パン「チョコバターサンド」（P118）「ビスケット」（P164）も掲載

宮城

小山支店

〒989-1501 宮城県柴田郡川崎町大字前川字中町20-2／TEL（0224）84-2071

入口に看板はなく、ガラス扉に店名の貼り紙のみと、簡素な店構え。家族で営む、宮城県川崎町で唯一のパンの店。月・水・金曜日に手作りの菓子パンを焼き、それ以外の日は、こがねもち、かまぼこ菓子、草餅などの和菓子を作る。コッペパンにジャリジャリ食感に仕上げたクリームを挟んだ「バタークリームパン」パンはじめ、素朴なクリーム系のパンが人気。以前は本店もあったけれど、現在は支店のみ。地元で人気のドライブインでも販売。

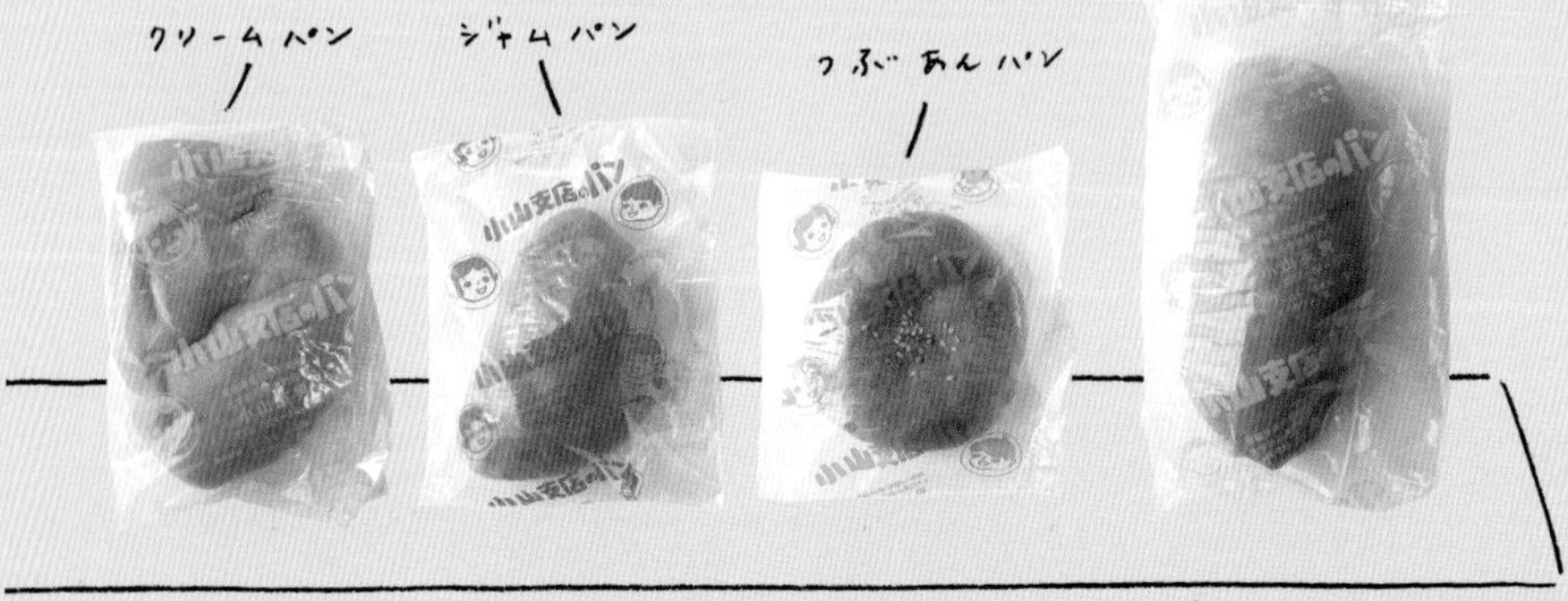

パッケージの絵は50年以上変わらない

新潟

中川製パン所

〒952-0202 新潟県佐渡市栗野江1502-8／TEL（0259）66-3165

日本で2番目に大きな佐渡島で、終戦後に配給用のパン作りからスタート。最初は手造りの石窯を使用。会社化したのは昭和29年。ここにあげるパンは、島を訪れたときに出会った。チーズ味の「ナポレオン」は、材料のマーガリン名とフランス皇帝・ナポレオンをかけて高級なイメージに。「カステラサンド」は、ふかふかの生地で、バタークリームとカステラをサンド。

島民から「中パン」と親しまれる

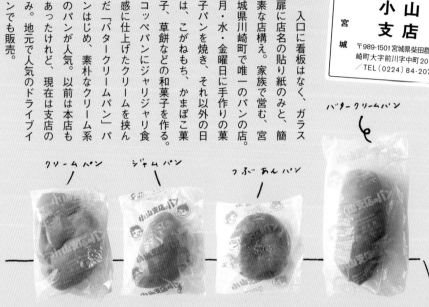

新潟

頓所製パン

〒953-0041 新潟県新潟市西蒲区巻甲564／TEL（0256）72-2213

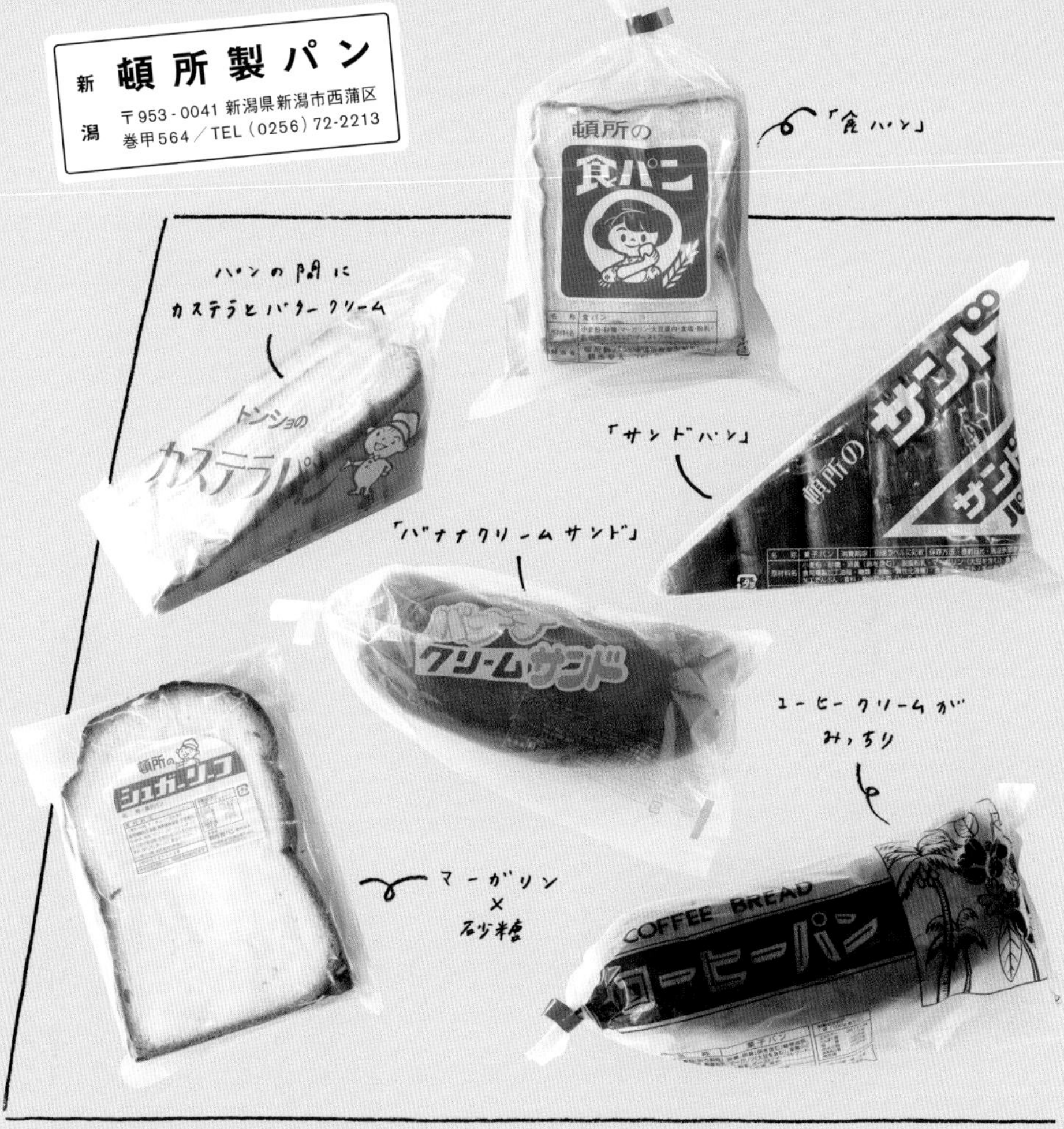

創業は大正元年。当時はまだ地域にパン文化が根付いておらず、珍しい食べものとして重宝されていたという。営業開始時間は「焼き上がり次第順次」とされているけれど、お昼12時過ぎが種類も豊富でパン選びが楽しい。製造法には手間を惜しまず、2回に分けて生地をこねて発酵させる中種法を採用。そうすることでふんわりと柔らかに焼き上がる。きめ細やかで、耳までおいしく、パッケージも愛らしい「食パン」は、トーストすると、さっくりもっちり。新潟ではさまざまなパン店で作られている「サンドパン」は、三角形にカットされ、黒糖味の生地でバタークリームを挟んでいる独自の形状。

長野

モンドウル田村屋

〒385-0051 長野県佐久市中込2438／TEL（0267）62-0463

マロンミルクやイチゴなど
季節限定の味もいろいろ

パン×カステラ×イチゴジャム

コッペパン系で
バタークリームを
サンド

明治38年に和菓子店として創業し、あんパンの製造販売も開始。戦後は学校給食も手がけ、長野県でのパンの普及に尽力した。昭和30年代に、長野県パン組合とともにビタミン不足解消のための「県民パン」を作り、講習会も開催。続けて、組合と県下のパン製造業者に向けて「牛乳パン」の製造法を指導し、県内に広めた。中種法にこだわり焼き上げるパンとともに、自家製の「牛乳パンのバタークリーム」が人気。直売店やスーパーで購入できる。現在は4代目がベテランの職人と昔ながらの製法を守る。

初代は昭和32年に煎餅店として創業。国産小麦粉をブレンドして、もちもちとした食感と、口どけのよさを大切に焼き上げるパンはどれも、牧歌的で穏やかな佇まい。オリジナルのバタークリームを使った「牛乳パン」、ビタミンB1を多く含む小麦粉・頭脳粉製のコッペパンに、甘酸っぱいリンゴジャムとマーガリンをサンドした「ジャム&バターパン（頭脳パン）」は当代3代目が40年以上作り続ける。「コーヒーサンド」は、濃厚なコーヒークリームの風味を楽しめる。まろやかでほんのり甘いあんパンをセットにした「ほんとうのアンパン」は、長い間粒あんのみだったところ、客の要望でこしあんも始めた。

長野

矢嶋製パン

〒381-2405 長野県長野市信州新町新町26／TEL（0262）62-2076

20年ほど愛される

地元の道の駅でも大人気

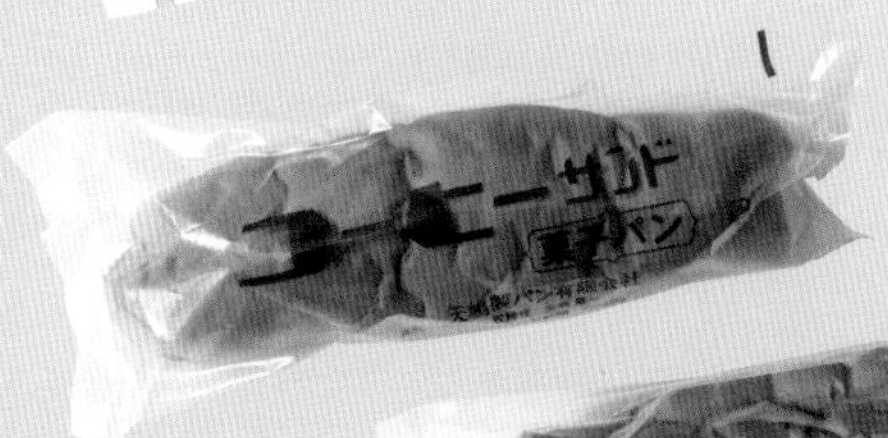

生地はもっちり、昔ながらの素朴なあんこ

※「頭脳パン」（P201）も掲載

富山

さわや食品

〒939-0256 富山県射水市広上2000-35 ／TEL（0766）51-6388

今のように交通が発達していなかった昭和26年の創業時、雪深い冬はソリを使ってパンを配達していたという。高校の売店でも長年パンの販売を続けてきたため、学生時代に慣れ親しんだ味に懐かしさを覚える人も多い。Ｐ１０３で紹介している「コーヒースナック」は、昭和51年当時流行していたパープルシャドーズの歌「小さなスナック」にちなんで創業者が名付け、ロングセラーに。昆布の年間支出金額全国1位・富山ならではの「昆布パン」は、県内産の米粉と刻み昆布が材料。噛むほどうまみが口に広がりアレンジも楽しめる。ロマンチックな名前の「ハーフムーン」は、カスタードで線を描いた半月型のパンに中に、なめらかなこしあんが。

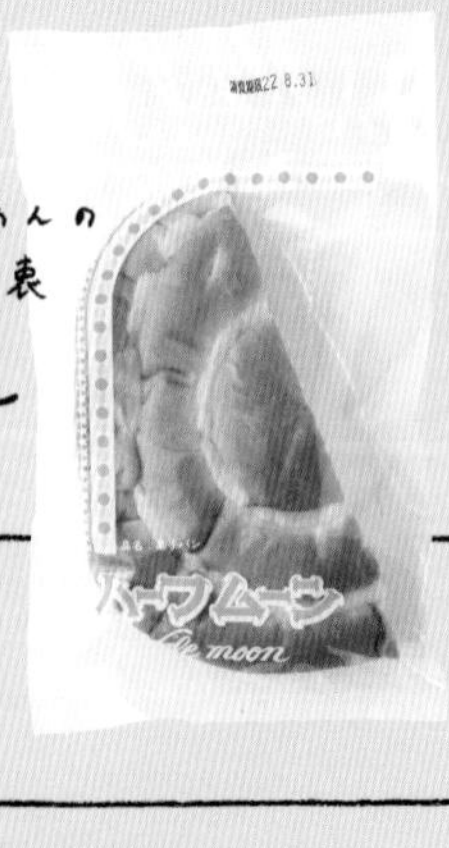

※「フランスパン」（P186）「コーヒースナック」（P103）も掲載

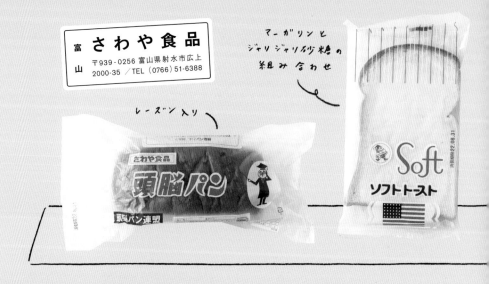

石川

パン あづま屋

〒923-0921 石川県小松市土居原町112／TEL（0761）22-2625

石川県発祥の
ビタミンB1入りのパン

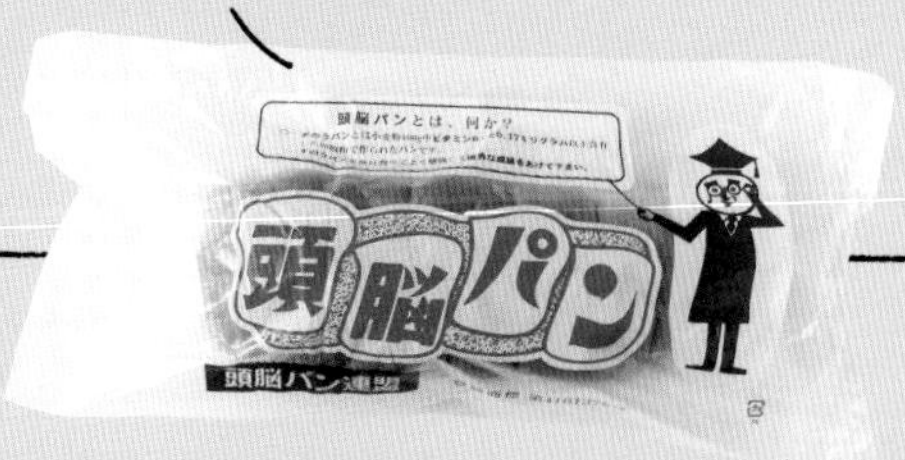

他にも
山型
コーヒー
サンドが

食パンには
地元・金沢製粉の
高級小麦粉
「ローランド」を使用

長年変わらぬ
パッケージ

自家製ホイップクリームが
たっぷり

名物の「ホワイトサンド」は、昭和28年の創業時から、地元では親子3世代に渡って愛され続けてきた味。まだ戦後の貧しい時代、スライスした食パンに甘いホワイトクリームを挟んだ食べ応えのあるパンは、贅沢でご馳走だった。食パンサンドは他にも、チョコレート、ピーナッツ、クリーム、ジャムなどの種類が。ほんのり焼いて食べたり、小さくカットしたり、人それぞれの味わい方があるという。

福井

マルサパン

〒910-0858 福井県福井市手寄1-16-6／TEL（0776）21-3695

福井駅近くにあるパン店の名前は、創業者である増永沢吉の〝さわきち〟にちなんで名付けられた。創業は大正12年。4代に渡って変わらぬ味が受け継がれてきた。昭和の時代の雰囲気を残す、趣ある工場に併設された直売所や、福井県初のコンビニエンスストアとして知られる「オレンジBOX」などで、どこか懐かしさを覚える、昔ながらのパンを販売。ここで紹介する以外にも、「メロンパン」「あんパン」「コーヒーサンド」「クリームパン」など、パッケージのどれもが味わいあるデザインで、食べたあとも大切に持ち帰りたくなる。

昭和24年の創業時には、同じように配給された小麦を使う製麺所とパン屋の両方を営んでいた。その後、学校給食パンの品評会で県1位受賞するなど、パン作りの楽しさや奥深さに魅せられて、パン製造のみの注力。福井県内の主要スーパーや、金沢近辺の店舗などに卸をおこない、小中学校の給食パンも手がける。できる限り手作りにこだわり、添加物の使用も極力控え、ふんわりやわらかい生地に焼き上げる。「オムスク坊や」という名のキャラクターも。

一口サイズで
ほんのり甘い

朝食の定番パン

ウエハースで、
スポンジケーキと

和菓子風味のクッキー生地を
のせて焼いたパン
40年以上愛される

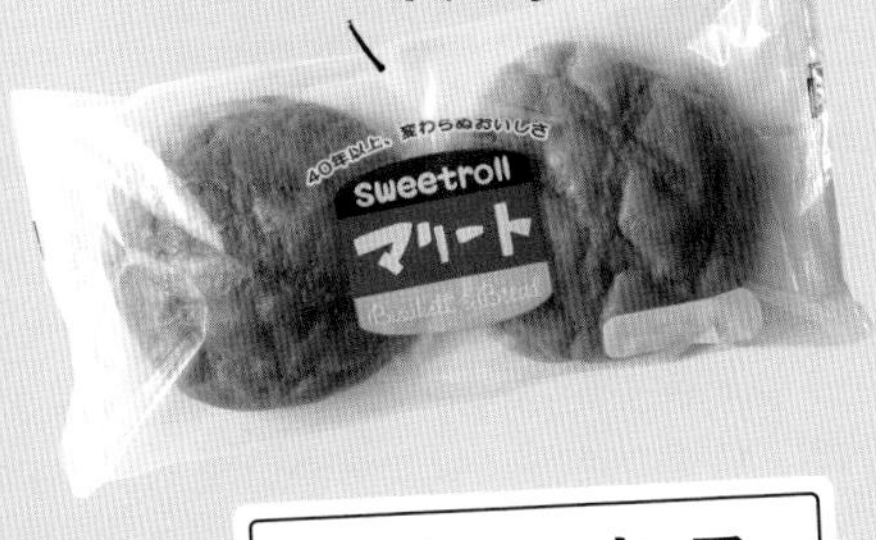

もっちり弾力のある
おやつ

福井

オーカワパン

〒910-0303 福井県坂井市丸岡町猪爪2-501／TEL（0776）66-0237

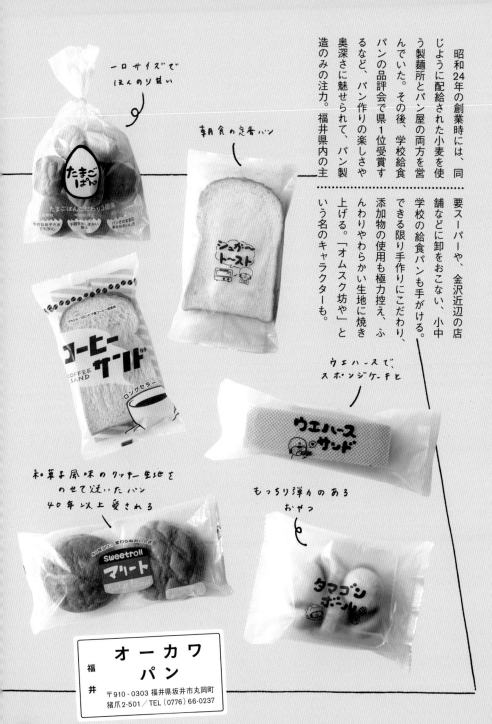

東京 タカセ

〒170-0013 東京都豊島区東池袋1-1-4／TEL（03）3971-0211

香川県三豊市高瀬町出身の初代が、大正9年に、あんパンを実演販売する店を始めた。当初は「森永ベルトラインストアー」という屋号。その後、洋菓子の販売や、喫茶・レストラン事業も開始。池袋本店1階の、パン・洋菓子コーナーは、揃いも揃ってチャーミングな顔つきだけれど、食べ応えはパンチがきいて1袋でお腹いっぱい。「カジノ」はフルーツ入りクリームとカスタードクリームをはさんだパンを砂糖蜜とチョコでコーティング。「カステ」はカステラ入り菓子パン。「ファンタジークリーム」はフルーツクリーム入り。宇宙船の形にちなみ名付けられた「アポロ」はスポンジケーキ入り。

昭和26年の創業からまもない頃。『暮しの手帖』でマヨネーズのレシピを知った創業者の妻・智恵子さんは、キャベツとマヨネーズを合わせた初代「サラダパン」を考案するも、日持ちせず1年ほどで販売中止に。マヨネーズとサラダをイメージした黄色と緑のパン袋の在庫を活用するため食卓にあったたくあんを刻んでパンにはさんだのが、今のサラダパンの誕生秘話。続けて、丸いパンにマヨネーズと魚肉ハムを挟んだ「サンドウィッチ」も完成させた。コッペパンに、さっぱりとした風味のバタークリームとドレンチェリーを合わせた「スマイルサンド」は、創業当時の一番人気を復刻したもの。

滋賀 つるやパン

〒529-0425 滋賀県長浜市木之本町木之本1105／TEL（0749）82-3162

信楽焼のたぬきを思わせる「チョコたぬきパン」

火通りがよく耳まで柔らかいまる型食パン

バタークリーム入り「スマイルサンド」。

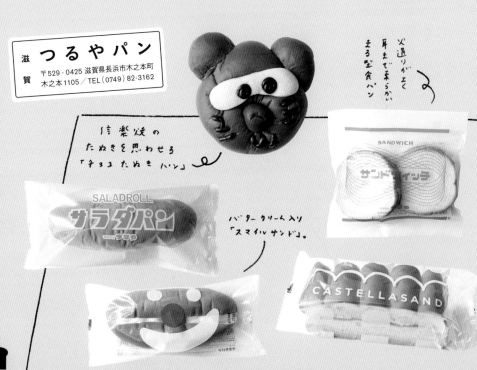

コッペパンの
間に、
ジャムと砂糖

パン生地の
中央に
カステラ

お伊勢参りの旅の途中。伊勢には、「ぱんじゅう」に「かたぱん」と、その名にパンの文字が付くお菓子が根付いていると聞き、食べてみたいと店を探した。地元の人に尋ねると、伊勢神宮外宮近くに、唐草模様の焼印を押したかたぱんをつくる店があるという。昔は運動会や祭りで、〝祝〟の字の焼印のその店のかたぱんが配られていたそうだ。

伊勢の店や家は一年中しめ縄を飾る風習がある。明治後期創業「丸与製パン所」の門口も、パン屋らしからぬ厳かな気配。簡素に小さなショーケースひとつ。いい顔のパンがずらりと並ぶ。ふわあっと気が昂り、「今あるの全種ください」とまとめ買い。かたぱんは、店を出るなりかぶりついてしまったから、うっかり写真は残っていない。

三重

丸与製パン所

〒516-0076 三重県伊勢市八日市場町1-26 ／TEL（0596）28-2708

ブッセにグラニュー糖
入りバター クリーム

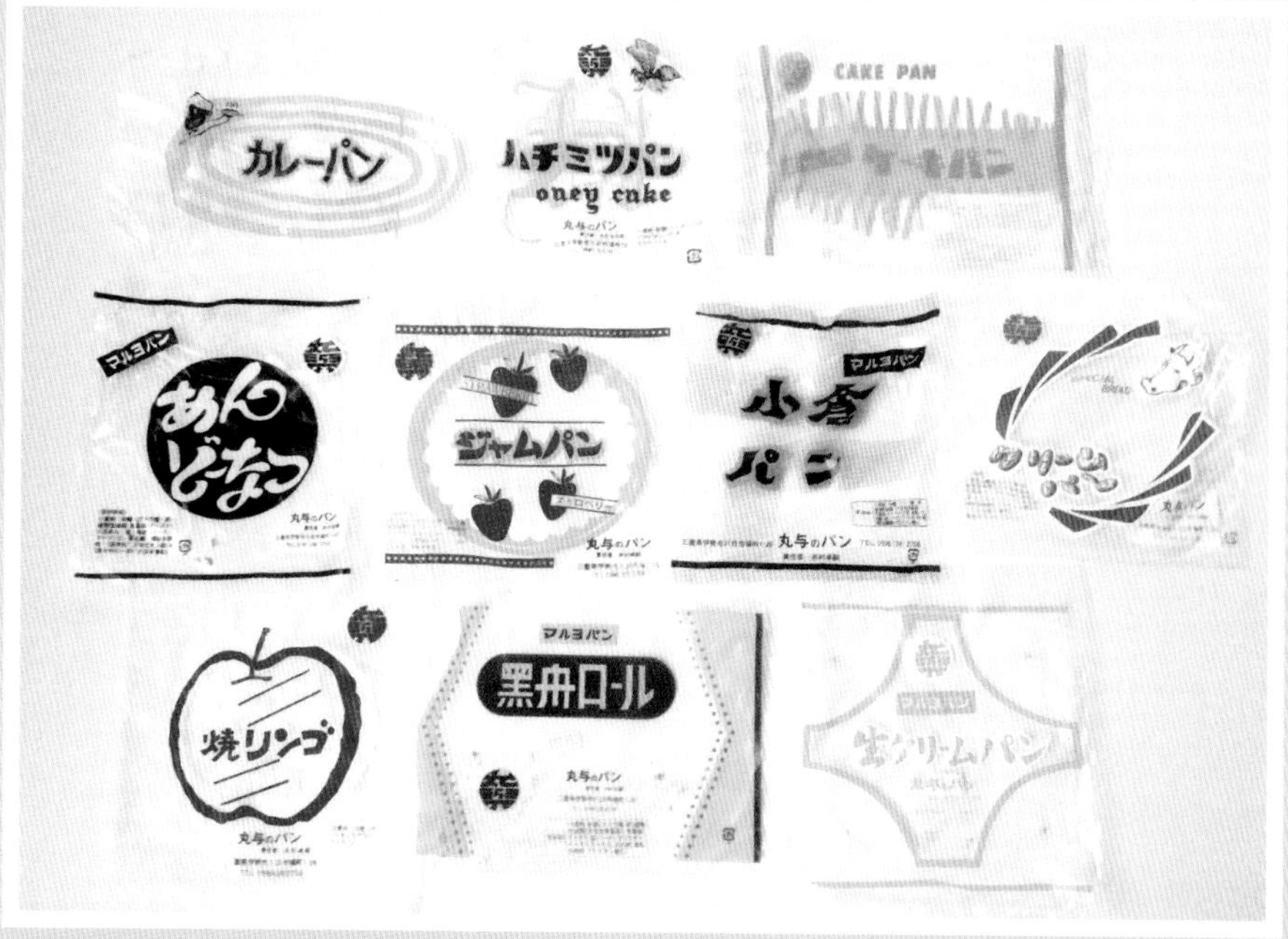

●上の写真は、パンを食べ終えたあとの袋たち。あまりに個性派揃いゆえ、記念に集合写真を。その他は、パンを味わう前に撮ったもの。全て、昭和30〜40年頃からつくられているそうで、パッケージもほぼ変わらず。昔はひらめきでおおらかに名付けられることがあり、「焼リンゴ」もその名残り。リンゴが材料に使われているわけではない。

三重 リスドール

〒510-8014 三重県四日市市富田4-2-3／TEL（059）365-0945

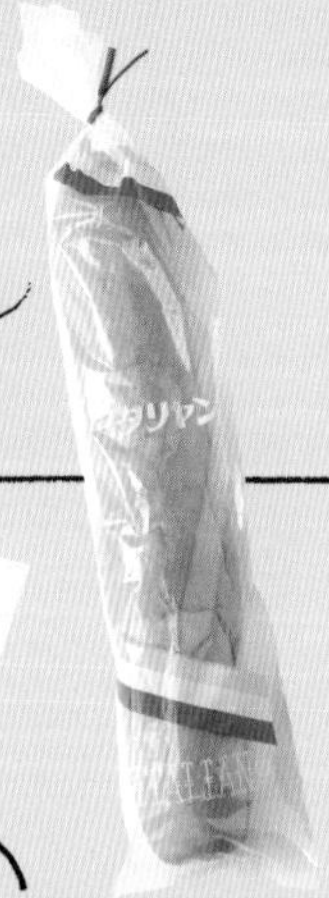
中身は
クリーム&小倉

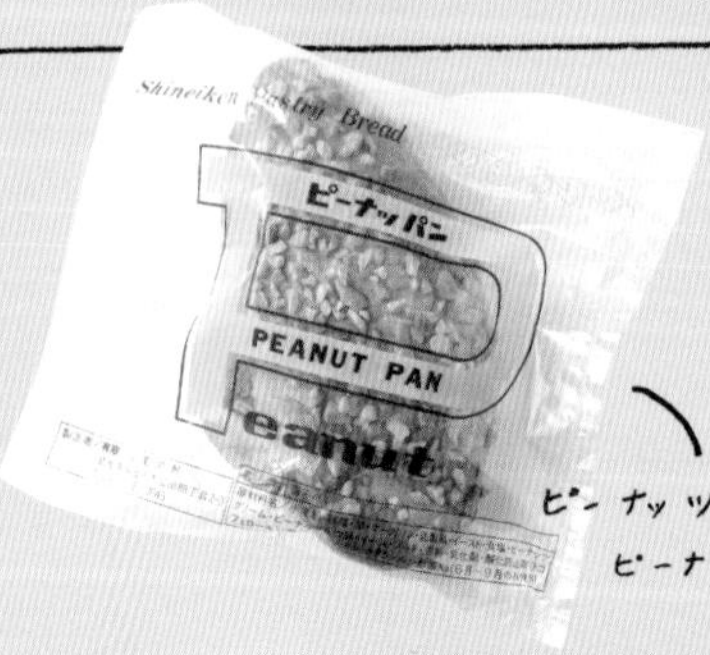
ピーナッツでなく、
ピーナッ！

学生に人気

栗のあん

東京に修行に出ていた初代が、大正時代の初め頃に創業したパン店。店があるのは、三重県立四日市高校のすぐそば。長年、食べ盛りの高校生たちのお腹を満たしてきた。病院や企業の売店でも販売されており、市民にはお馴染みの存在だ。１００種類以上あるパンの中で、昔ながらの袋パンが存在感を放つ。とりわけ人気なのが、コッペパンにマーガリンというシンプルな組み合わせの「パッション」。名前の由来は不明だという。袋に書かれた「パイウォーター仕込み」というのは、イースト菌を活かす特殊な水の使用を意味する。アルミホイルに包まれた「銀チョコ」も個性を放つ独自の佇まいでオススメしたい。

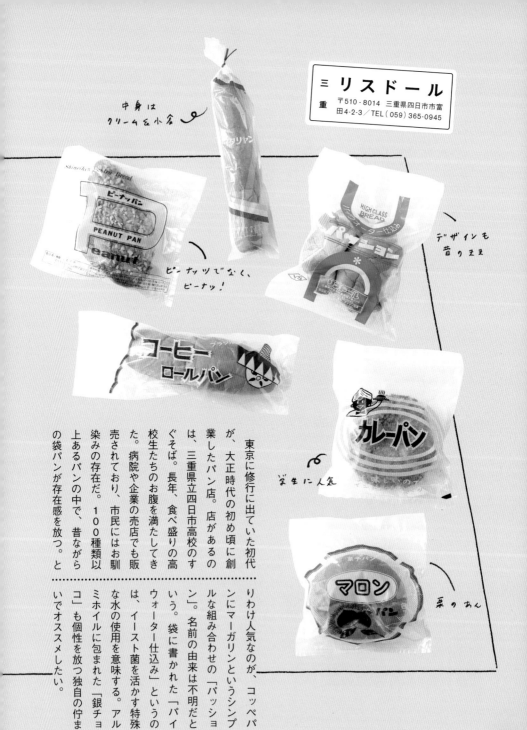

大阪府学校給食パン指定工場で、昭和20年からの歴史がある。本家がまんじゅう屋だったことから、あんこを使ってパン作りを始めたという。商店やスーパーへの卸とともに、お祭りや地域行事にも貢献してきた。直営店はないけれど、工場では、JA大阪泉州直売所「こーたり〜な」で販売している菓子パンの直売をおこなっている。昔ながらの製法で作るパンはどれも、子どもの頃におやつで食べたような懐かしさを感じる、優しい味わい。あんこ、ジャム、カスタードクリーム、バタークリームなど、パン以外の付け合わせにも手を抜かず、自家製にこだわっている。

自家製の
カスタードクリーム入り

大阪

サガン製パン

〒598-0021 大阪府泉佐野市日根野2165-5／TEL（072）467-0256

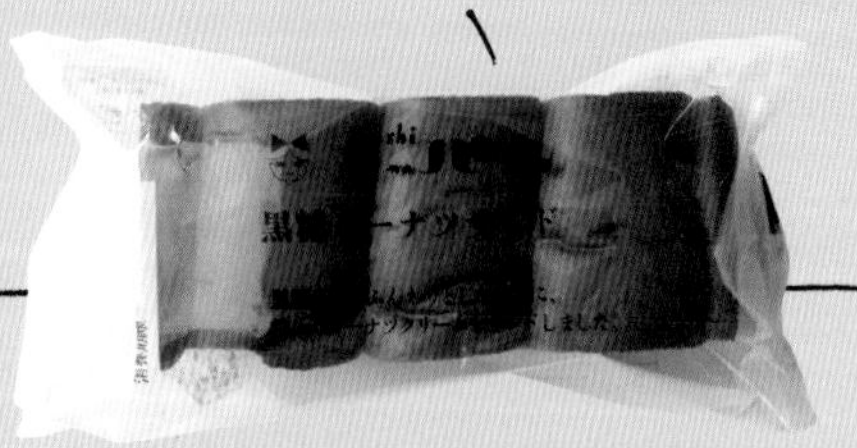

兵庫

ニシカワ食品

〒675-0016 兵庫県加古川市野口町長砂799／TEL（079）426-1000

東京で手土産の定番は、渋谷「ヴィロン」のバゲットと、バゲットに合うチーズやペースト。小麦の芳香、噛み応えのある皮、もっちりしっとり弾力のある生地。こんなに風味も食感も奥行きのあるバゲットを身近に食べられるとはと、東京暮らしを幸せに思った。しばらくして、もっとも好きなパンの一つとして口にしていたヴィロンの母体

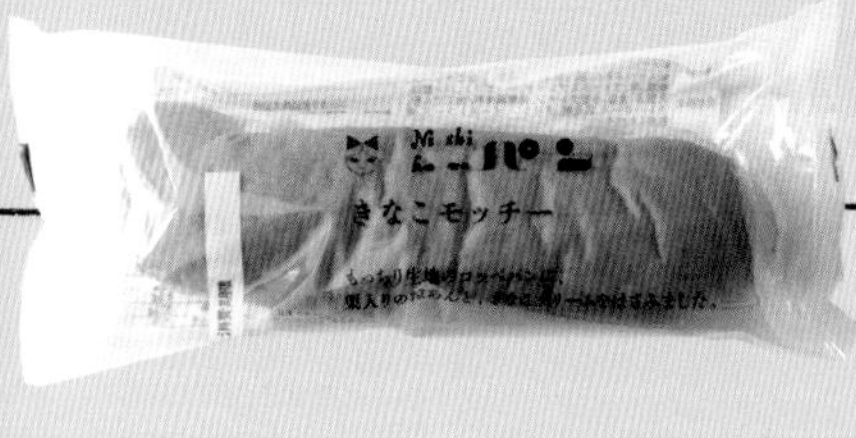

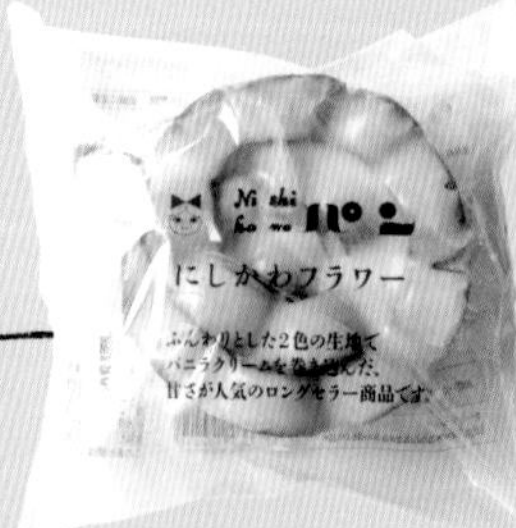

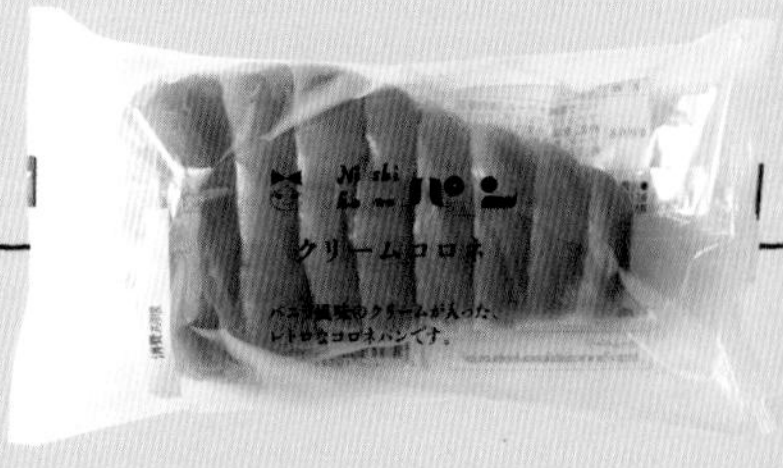

●大きなリボンに、長いまつげのぱっちりとした目。パンの袋に描かれる女の子のキャラクターの名前は「パニーちゃん」。昭和35年に誕生し、現在で3代目。

が、戦後の食糧難の昭和22年に、兵庫県の加古川駅前で創業した「ニシカワパン」であると知り、関西圏を訪れたときは販売店を探し当てて買って帰るようになった。直営店だけでなく、スーパーでも求められる、さまざまな種類の食パンや菓子パンに、こんなにも質がよくおいしいものがあるとは。加古川をはじめ、当たり前にニシカワのパンが買える地域の人たちがうらやましい。パン袋には、リボン姿の愛らしいキャラクターがデザインされており、〝パニーちゃん〟という名前で親しまれている。さらには昭和20年代から、地域の小中学校の給食用のパンも手がける。真夜中の1時から仕込みを初めて、朝5時から焼き上げるパンを各学校へと配達している。

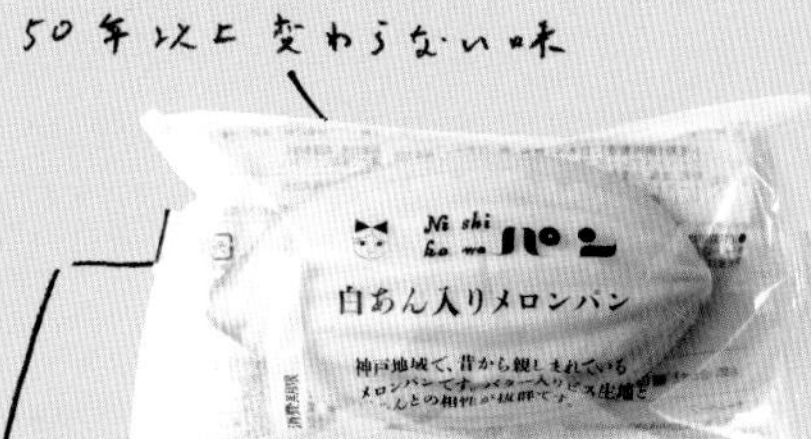

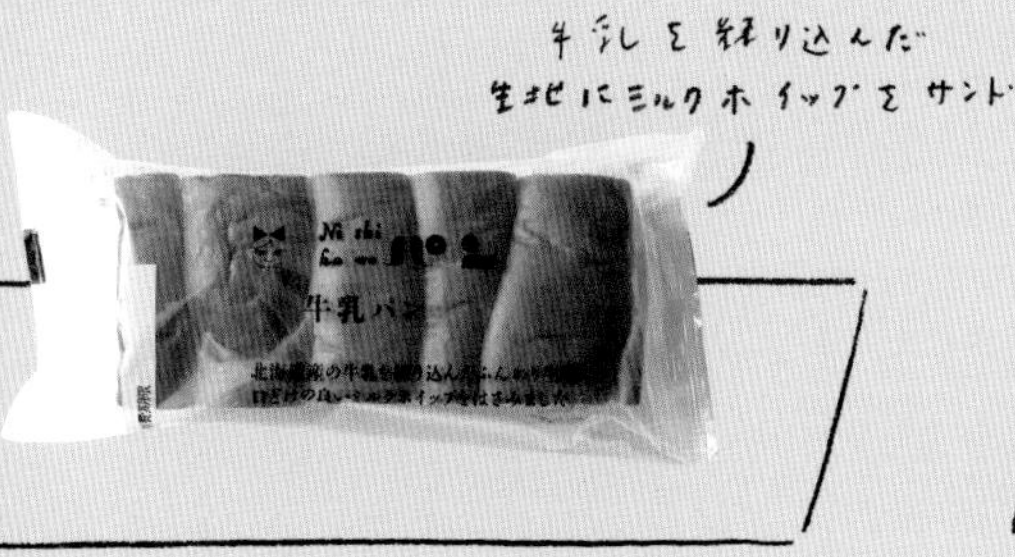

愛知 ボン.千賀

〒440-0888 愛知県豊橋市駅前大通り1-28／TEL（0532）53-5161

駅前の大通りを、路面電車が走り抜ける愛知県豊橋市。ここで生まれ育った友人に連れられて、はじめて店を訪ねたとき。菓子パン袋のデザインやネーミング、店の看板・飾り・家具・照明と、そこにあるもの全てが昭和情趣をたたえていることに、驚嘆するやらしみじみするやら。まるで長らく通った店を再訪したような懐かしさが込み上げてきた。大正元年に菓子卸業として創業し、昭和初期からパンと菓子の製造販売をはじめた老舗のパンは、何十年も変わらぬ味と様相をつらぬく。そのとき、そこにあったほぼ全種類のパンを求め、併設の喫茶室に移動して、同行者数人と賑やかに食べ比べ。今はもう、なかなか味うことのできない〝昭和の面影を感じる

●「ボン」はフランス語で「よい」のこと。「味がおいしい」という意味もあり、昭和の時代はモダンな店の名の象徴だった。店の新装や袋のデザイン替えが進む中、ひと時代前のパン屋の形が残されるこの店を懐かしがり、遠方からわざわざやってくる客も多い。

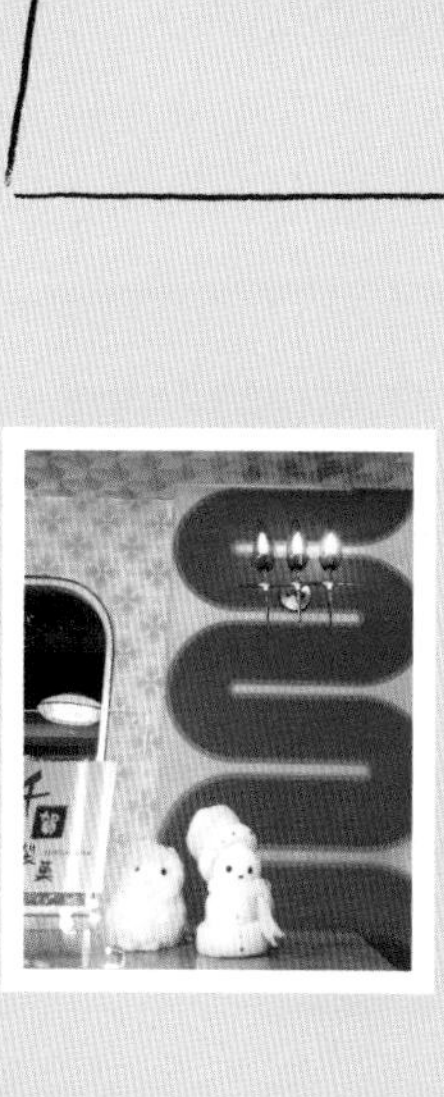

昔ながらの味”が目の前に現われ、みなの目がきらりと輝く。子どもの頃のパンの味の思い出は、家族や友や景色や会話や、忘れかけていた昔の情調までも呼び起こす。

岡山駅から、桃太郎線の愛称で親しまれる吉備線に乗って40分ほど。桃太郎のモデルといわれる吉備津彦命の伝説や、古墳や遺跡が多いことで知られる総社市の総社駅前に位置するのが「ベーカリートングウ」。岡山県内ではパンの製造出荷額第1位というまちで、昭和3年から続く老舗のパン店。長年に渡り学校給食も手がけ、地域の食を支えてきた。店の名前は、創業者の「頓宮」姓に由来している。一番人気は、常連の間では油パンと呼ばれる「上あん」で、創業時からのロングセラー。自家製のこしあんパンを油で揚げて、シナモンで香り付けしている。もっちりとした食感の生地となめらかなあんの舌触りが人気で、遠方からわざわざ買いにくる人もいるほどだ。もうひとつ不動の人気を誇るのが、枕パンと呼ばれる「バターロール」。バターをふんだんにつかったコッペパンで、こんがり焼いて食べるとおいしい。昔は今以上にパンの形が枕型に近かったため、微笑ましい愛称が広まった。他にも、メロンパンが「松かさ」と呼ばれていたり。袋に書かれた文字や、他地域の通称とは違う、地域ならではの呼び方があるところが、3代に渡る常連客も多い店ならでは。さらには、「バナナロール」「三角ジャムパン」「クリームパン」「うぐいすぱん」「コーヒーロール」など、懐かしの袋パンシリーズどれもが、パン界の昭和スターを彷彿とさせる貫禄ある面持ち。

岡山

ベーカリートングウ

〒719-1136 岡山県総社市駅前1-2-3／TEL（0866）92-0236

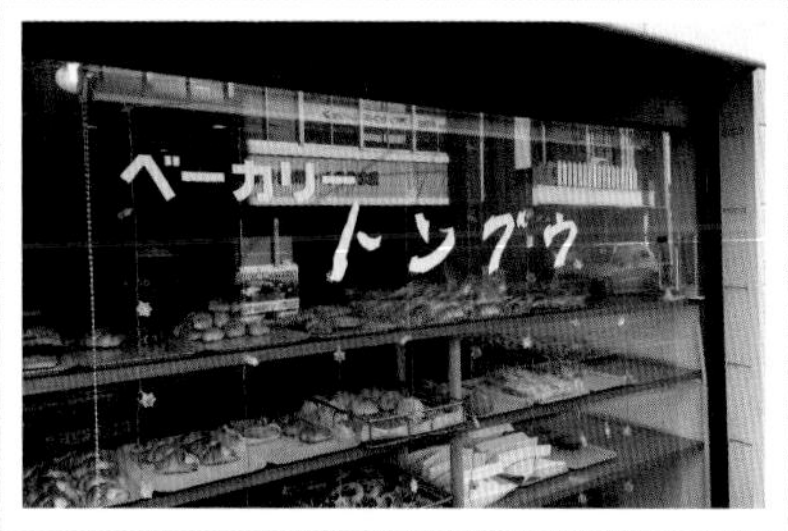

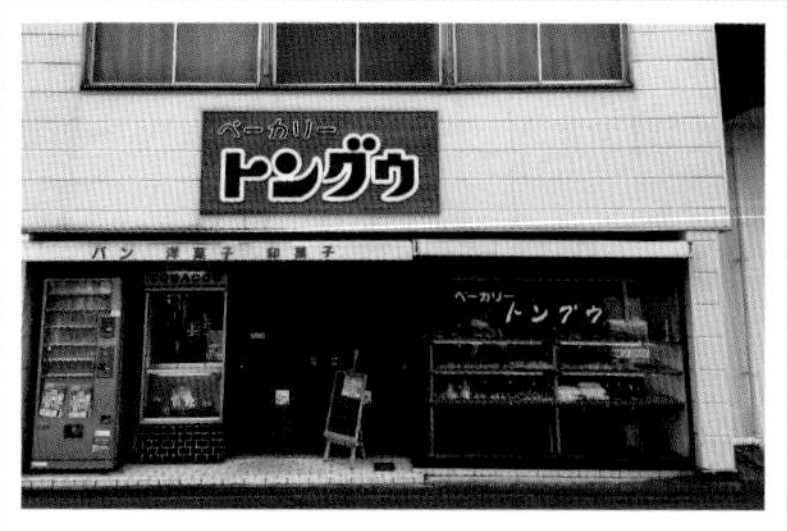

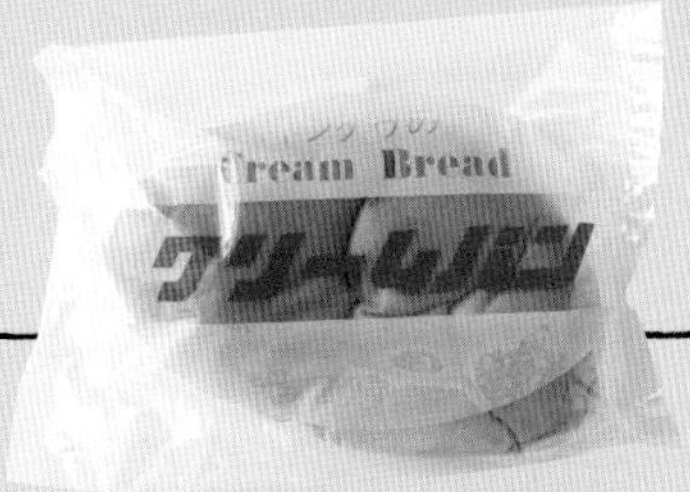

濃厚なコーヒークリーム

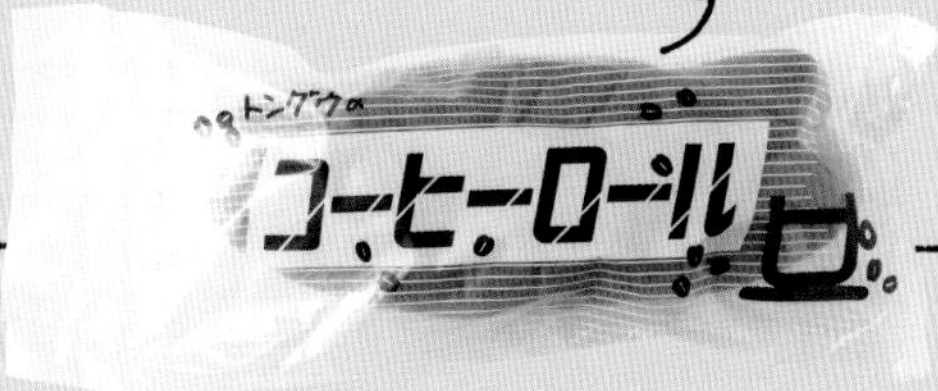

こしあんの
揚げあんパン

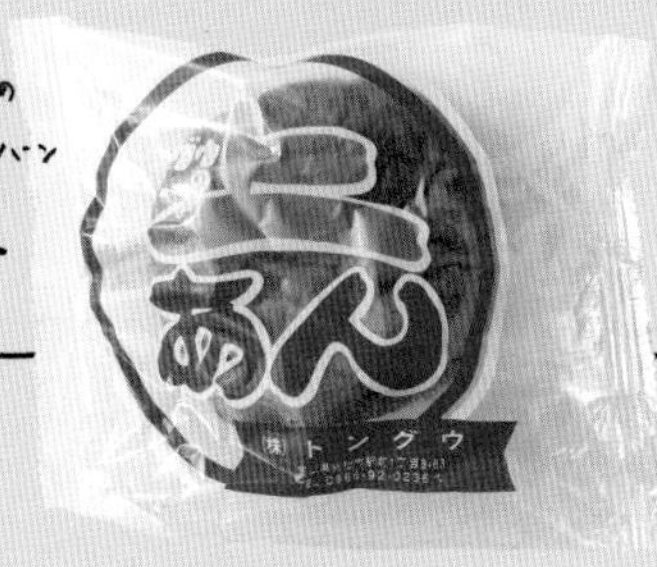

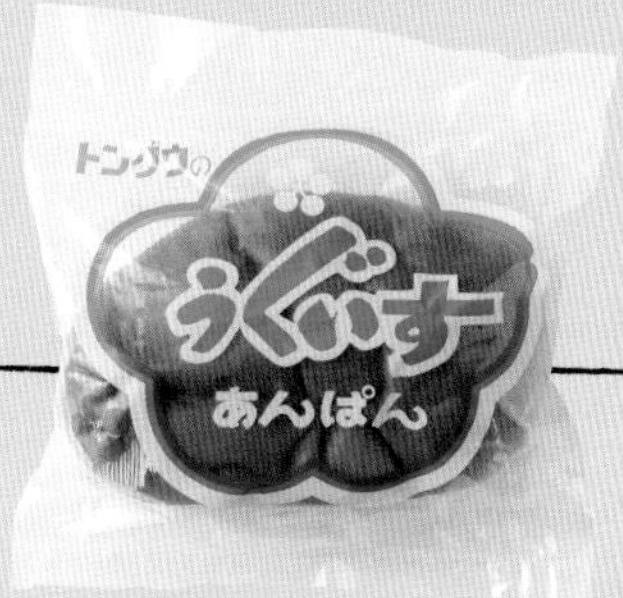

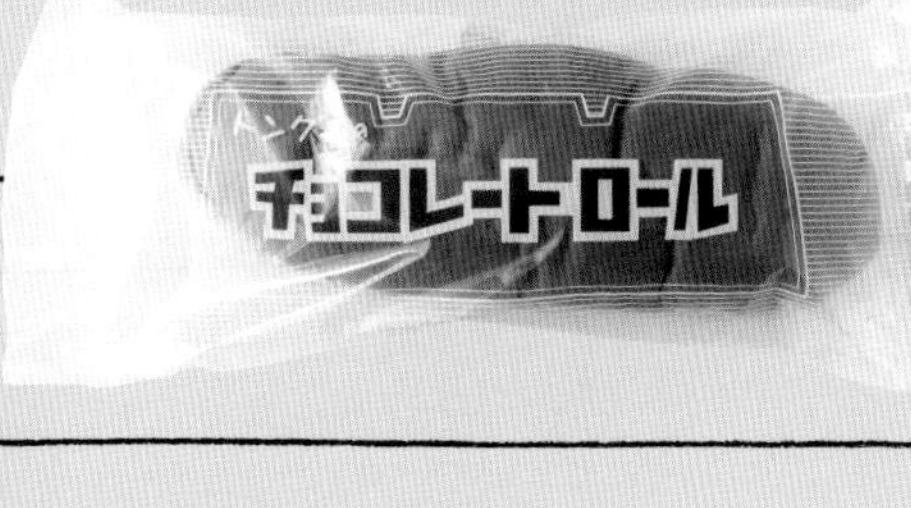

イチゴジャムをはさんだ
三角形の
ソボロパンが2つ

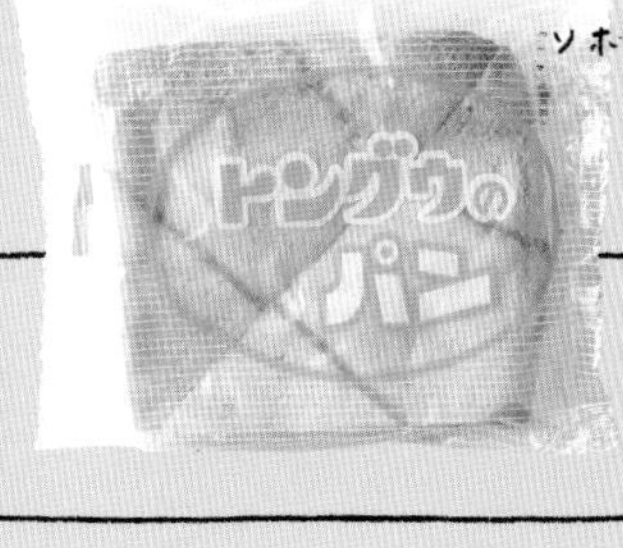

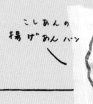

100年の歴史ある岡山駅前の奉還町商店街。土地のものはないかとパン屋に入ると、あったあった。いい顔がわんさと。マーガリン、コーヒー、バナナクリーム、チョコレートと、ロールパンに自家製クリームを塗ったシリーズが並んでいる。銀座木村家で修業を積んだ初代が、大正8年に創業したパン屋ということで、あんぱんは100年以上続く味。卵とマーガリンを使った「スネーキ」など、酒種風味のパンも充実している。いちはやくフランチャイズシステムを取り入れ、岡山県内に複数の直売・専売店を展開。とくに「バナナクリームロール」は、地元で愛される岡山っ子のソウルフードだ。

酒種風味の菓子パン

マヨネーズで和えた刻みたくあんをサンド

バナナクリームのみも販売

やわらかく焼き上げたコッペパン

岡山

岡山木村屋

〒700 - 0984 岡山県岡山市北区桑田町2-21／TEL（086）225-3131

●おかやまキムラヤ 奉還町東店外観

もっちりとした生地
創業当時から変わらぬ味わい

奈良

オクムラベーカリー

〒634-0834 奈良県橿原市雲梯町227／TEL（0744）22-2936

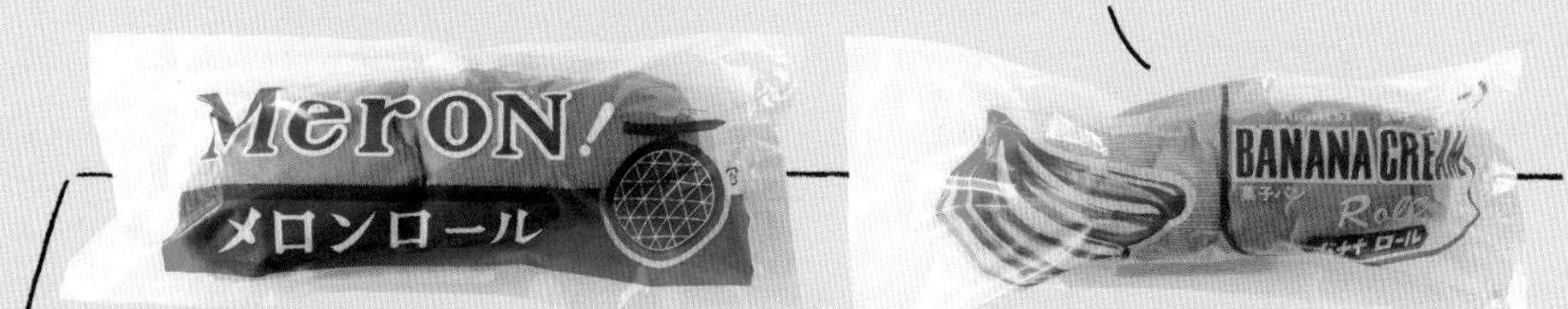

大阪のパン製造会社につとめていた初代が、独立してパン工場を作ったのは昭和20年のこと。現在は2代目と3代目、スタッフみなで力を合わせて地域のためにパンを作る。素材にこだわるだけでなく、その日の天候に合わせたり手間を惜しまない。学校給食を手がけるとともに、駅・病院の売店・老人ホームなどでも販売をおこなう。奈良県産の米粉を使用して、ふっくら焼き上げたコッペパンに、味わい豊かなバタークリームをはさんだ「バタークリームパン」はじめ、昔ながらの菓子パンが、再び人気を集めるように。製造を止めていたもので復刻したパンもあるという。朝6時から開く店舗にもたくさんの人が訪れる。

高知

永野旭堂本店

※2019年閉業

ジャリジャリの食感は
グラニュー糖

「ぼうしパン」（P193）。名・姿・味ともに牧歌的で、声に出しても見ても食べても笑みがこぼれる高知の県民食。生み出したのは、昭和2年創業の永野旭堂本店。蒸しパンづくりからはじめた店らしく、カステラ生地をかぶせたぼうしパンのように、甘さが持ち味の菓子パンは秀逸だ。「ニコニコパン」もそのひとつ。ふわふわに泡立てたマーガリンクリームにジャリジャリの食感を加えるため砂糖を混ぜる。濃い色のコッペパンは、白いクリームとの相性を考えて選ばれたそうだ。クリームにチョコチップを合わせた「マーブルチョコバター」同様、誕生は昭和30年。戦後、パンの需要が急増し、発売当初から普段の食事やおやつとして飛ぶように売れた。

チョコチップ入り
バタークリーム

バタークリームたっぷり

甘く煮た
金時豆入りパン

まあるい目と顔、コック帽。パンの精のようなキャラクターが、袋の片隅に。今では貴重な手描きの図案も名脇役。無垢で愛くるしい幼子と向かいあったときのように「ああ、なんて愛らしいの」、甘いパンたちを前にため息がこぼれる。

創業したのは昭和8年。高松っ子には給食パンとしてもおなじみ。ホワイトチョコレートをパンにかけた「フラワーブレッド」は、菓子パン界のプリンセス。

香川 **マルキン製パン工場**

※2017年閉業

創業は昭和30年頃。学校給食づくりからはじまった。山鹿温泉のはずれにあり、湯治客にも愛される。店内「なつかしパン」コーナーに並ぶ、ふたつのパン。ツイストしたコッペパンにマーガリンをはさんだ「バターソフト」はしっとりやわらか。ふっくらとしたロールパンに、小倉あんとミルククリームをはさんだ「金時パン」とともに、先々代から続く味。チーズクリーム入り食パンをカリッと焼いた「さんかくパン」や、すぐに売り切れるため「まぼろしパン」と呼ばれるチョコがけメロンパンも看板パン。

宇治金時にヒントを得て完成

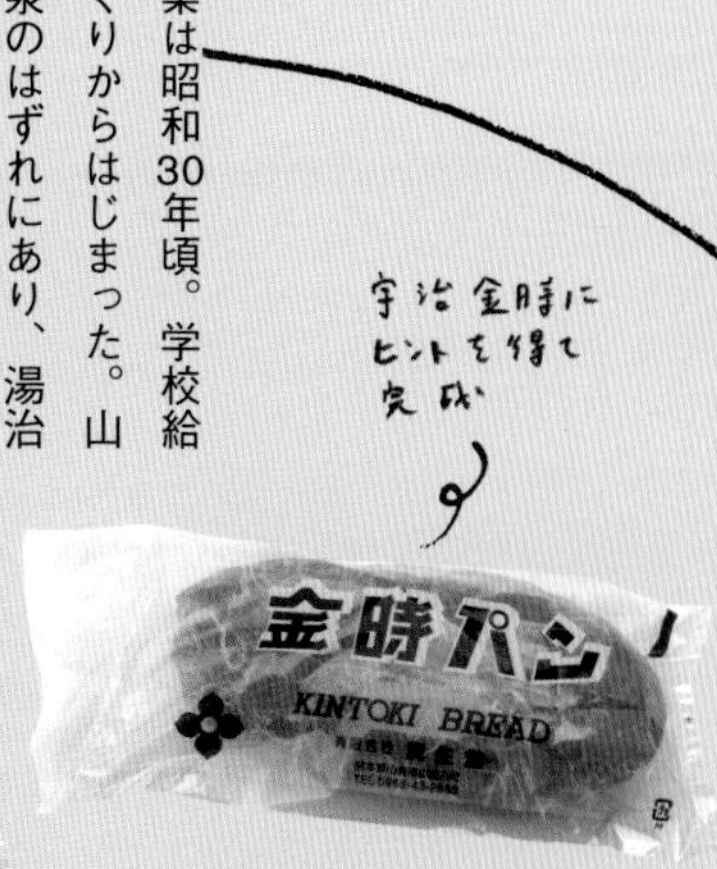

熊本 **真生堂**

〒861-0501 熊本県山鹿市山鹿282／TEL（0968）43-2888

広島

メロンパン本店

〒737-0045 広島県呉市本通7-14-1／TEL（0823）21-1373

食パンは
2種類ある

平和を願い
広島のパンと長崎のカステラを合わせた
中にはイチゴジャムも

自家製カスタードクリーム入り
ずっしり重い

メロンパン本店の名物は、言わずもがなのメロンパン。さらには自社ビルも鮮やかなメロン色。売り子さんのエプロンと三角巾までメロン色。呉をはじめ広島の一部では、他地域でメロンパンと呼ぶ網目模様の円形の甘い菓子パンをコッペパンと呼び、マクワウリ型で中にカスタードクリームがどっしり詰まったものをメロンパンと呼ぶのだが、その代表格がこちらの店。あんパンの具もみっしりで、手に持つとずっしり重く、十分な食べ応え。これらは昭和11年の創業時からつくられているが、甘いものが貴重だった時代にさぞや重宝されたろう。ここにあげる以外にも、いい顔のパンがずらり。創業者の出身地にちなむ「むろらん食パン」なるパンもある。

コッペパンと
バタークリームの
組み合わせ
呉市公認キャラクターと
コラボレーション

北海道小豆の
粒あんがぎっしり

関東では
メロンパンと呼ばれる
コッペパン

ストロベリーナナちゃん

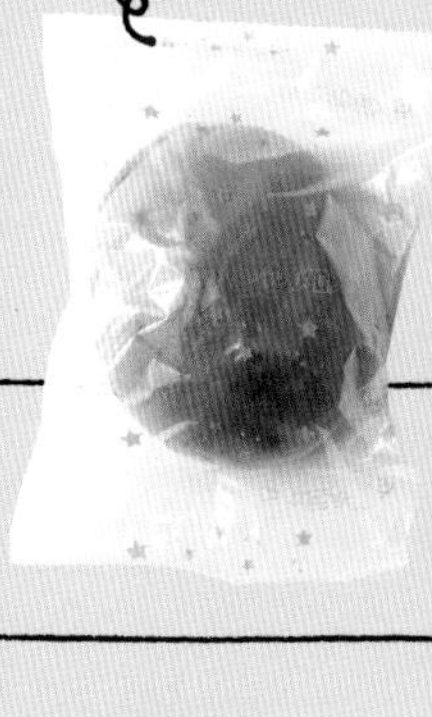

推理小説の主人公から命名
チョコレートをサンド

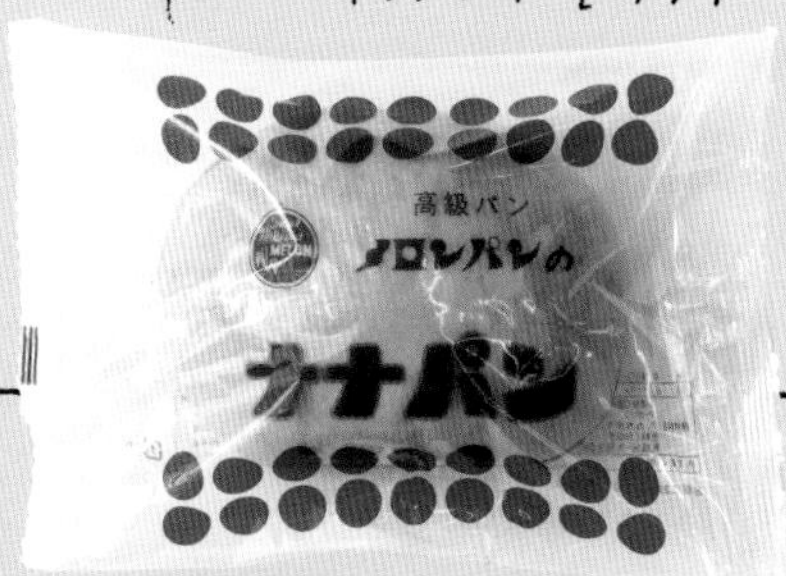

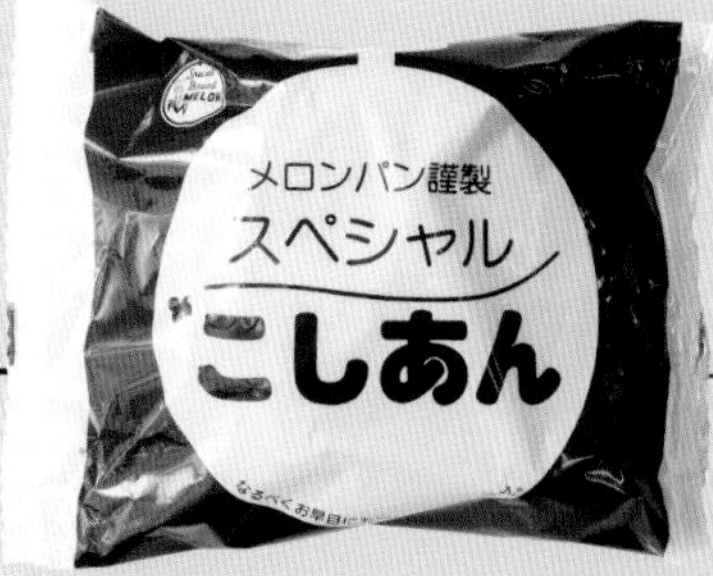

木村家製パン

島根

〒693-0033 島根県出雲市知井宮町882／TEL（0853）21-1482

スーパーや農産物などの直売所などを中心にパンの販売をおこなう、昭和23年創業のパン工場。細長く焼いたパンに、バタークリームを塗って、くるくると巻きあげバラの形に仕上げる「ROSEパン」。パンそのものも、袋のデザインも、美しいと評判だ。いちごみるく味や、コーヒー味も取り揃う。山型食パンにマーガリンを塗って、グラニュー糖をまぶした「ネオトースト」も人気。袋に描かれたうさぎのイラストがチャーミング。

松月堂製パン

山口

〒755-0151 山口県宇部市今村北4-25-1／TEL（0836）51-9611

昭和9年からの歴史があり、地産地消にこだわる。昭和32年考案の「ピーナツパン」は、最初の頃は今の2倍ほどの大きさがあり、「ぞうりパン」と呼ばれていた。2本の生地をねじって焼き上げる「牛乳パン」は、栄養のあるパンをと昭和35年に作り始め、当初は練乳を入れていたそう。ほんのり桜色のこしあん入りの蒸しパン「さくらっ子」は、昭和40年頃、春のさくらの季節に販売が始まったため、生地をピンク色に染めたという。

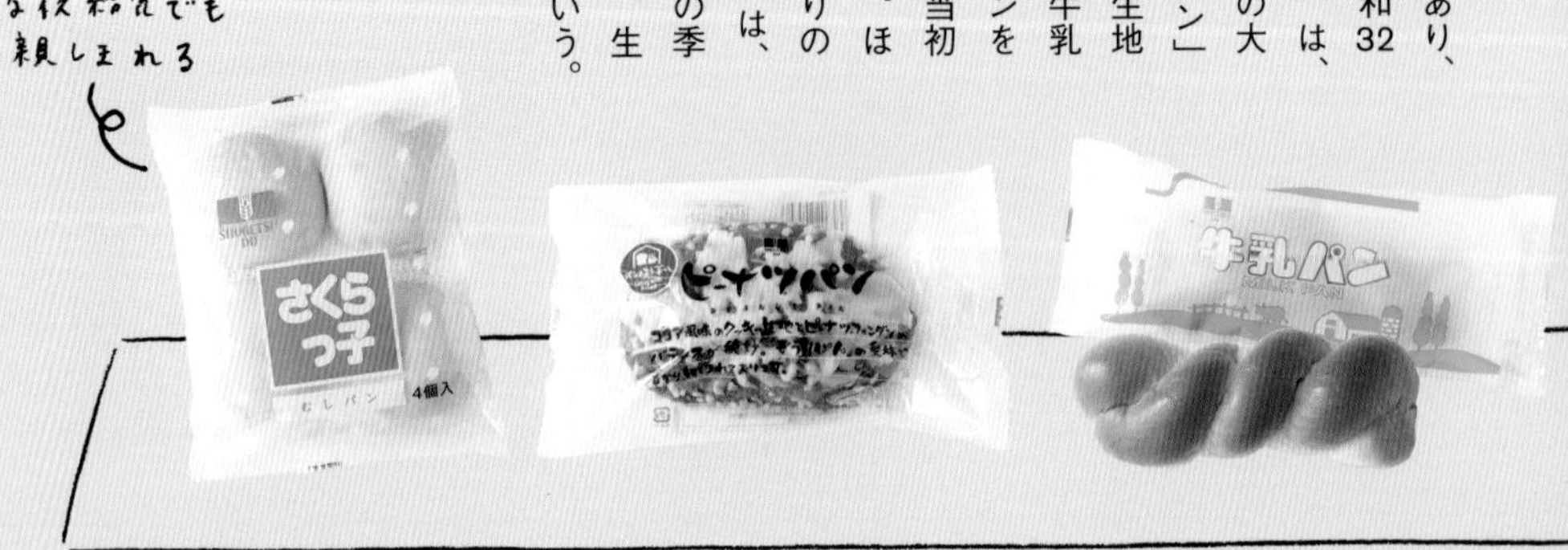

さくらんぼがクリームに。「ワレパン」

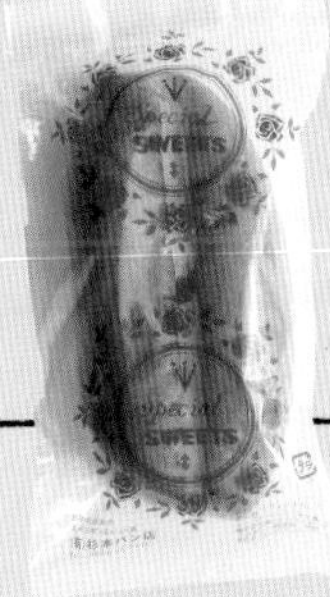

元は東京へ向けて炭を販売していたが、関東大震災を機にパン屋に転業。大正時代創業の老舗らしく、奥ゆかしい顔つきのパンたちが勢揃い。地元の学校で販売していたと聞くが、旧友に再会したような懐かしさと慕わしさが込み上げる。コッペパンにさくらんぼの砂糖漬け入りバタークリームをはさんだ「ワレパン」。もっちりのパンにマヨネーズをのせて焼いた「ベビーローフ」。コッペパンとヨーグルトクリームを組み合わせた「ヨーグルパン」。噛み締めるほど甘く切ない思春期の旺盛な食欲がよみがえる。

島根 杉本パン

〒692-0023 島根県安来市黒井田町429-20／TEL (0854) 22-2415

食パンとマーガリンをカステラ生地で巻いている

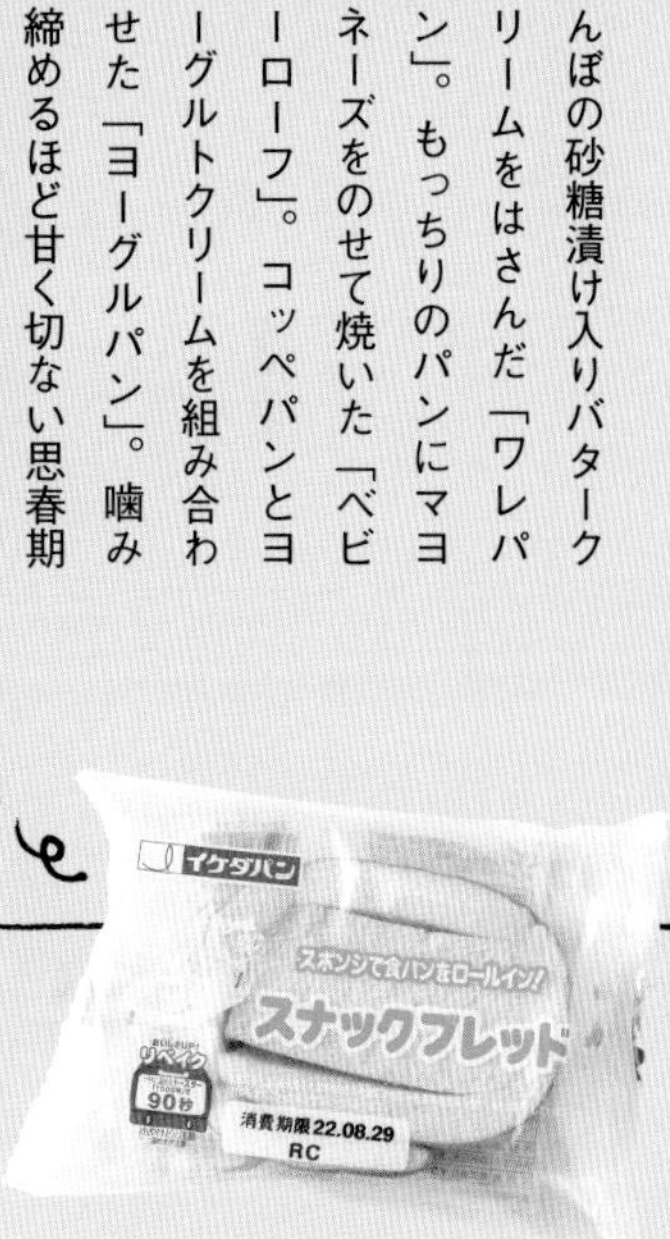

スティックタイプのパンにクリームをサンド

鹿児島 イケダパン

〒899-5698 鹿児島県姶良市平松5000番／TEL (0120) 179-081

創業者は鉄道会社に勤めるかたわら、昭和23年に製粉製麺業を開始。昭和28年に製菓・製パン事業に専念。人気の「キングチョコ」は、工場のパートさんが、クリームをサンドしたパンを溶かしたチョコレートにつけて食べたらおいしかったことから誕生。「ラビットパン」（P155）や「シンコム3号」（P131）とユニークな品が多い。

中身も表面もチョコ尽くし

西日本（主には九州）出身者に昭和49年生まれのチョコレートがけドーナツ「マンハッタン」の話をすると、部活帰りのお腹の隙間を助けられたとか、塾帰りを思い出すというふうに、せきを切ったように青春時代の淡い思い出

まるいケーキ生地で
バタークリームをサンド

福岡
リョーユーパン
〒816-8555 福岡県大野城市旭ヶ丘1-7-1／TEL（0120）39-6794

N.Yのマンハッタンで
食べたドーナツを参考に開発

ミルク風味のクリームをはさんだ
パンをチョコでコーティング

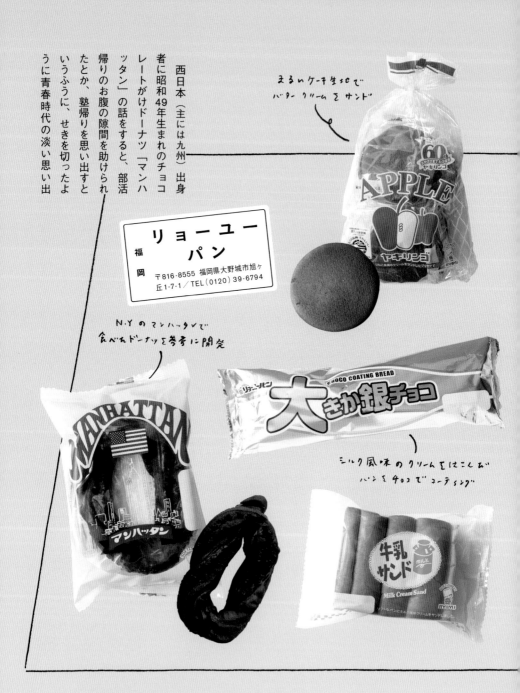

を語りはじめる。昭和25年に、佐賀県唐津市で創業したリョーユーパン。「ヤキリンゴ」は昭和37年、「銀チョコ」は昭和41年から、食べ盛りの若人たちの味方だった。故郷を離れたおとながリョーユーパンのパンと出合うと、旧友との再会を果たしたような切なく懐しい顔になる。リョーちゃんと名付けられた愛らしいキャラクターは、パン職人を夢見る女の子。グッズなども販売されている。

いろいろな味がある

沖縄旅のさなか、スーパーでコンビニで、ほのぼの物柔らかな存在感を放つパンがあった。ココア生地にバタークリームをはさんだ「なかよしパン」。その名の通り、家族、友だち、部活仲間で、仲よく分け合い味わえる、どっしりとしたまくら大。昭和26年に、創業者・具志堅秀一が、米軍基地内のベーカリーで働いて磨いた腕を活かして、米軍用野戦窯を用いて製菓所をはじめたのが歴史の始まり。当初は自転車でパンを配達し、そののちパン部門を拡大。育ち盛りの沖縄っ子のお腹をしっかり満たしてきたパンは、スーパーやコンビニで購入できる。「無事に帰る」などの縁起を担いだカエルのキャラクター〝しゅういちくん〟は、創業者の名にちなんでいる。

ハーフサイズも

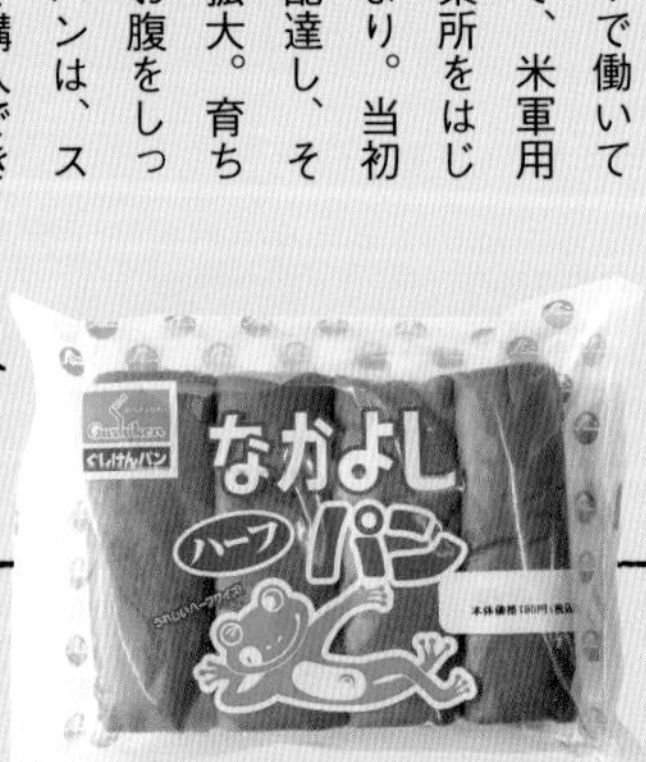

沖縄 **ぐしけん**
〒904-2234 沖縄県うるま市字州崎12-90／TEL（098）921-2229

シャリシャリ食感の
バタークリームが
うず巻状に

子どもたちの
健康を祈って名付けられた
ソフト食パン

粒入りの
ピーナッツクリームをサンド

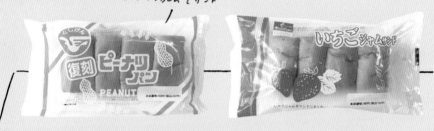

ふっくら生地の中に
チョコレートクリーム

パンや店のロゴ①

いい店、いいパンのロゴは、
同じように「いい顔」をしている。
店の個性や歴史が垣間見える、
素朴なデザインが愛らしい。

（ロゴや絵柄の一部分のみ掲載しているものもあります）

ニコニコ パン

↑永野旭堂本店

SPECIAL BREAD
シロバラのパン
TEL (851)1717

→白ばらベーカリー

Danish Roll
デンマークロール

↑タカキベーカリー

YAJIMA PAN
牛乳パン

↑矢嶋製パン

↓まるや

バターロール
まるや

高松のココクリーム入

↑高松パン

パン、ロシャケーキ
SINCE 1936
カブト

↑スペイン石窯 パンのカブト

パンとカステラ
オリンピック

→オリンピックパン店

小山支店のパン
宮城県柴田郡川崎町
大字前川字中町20-2
小山英男
TEL 0224-84-2071

→小山支店

↓りょうこく

HIRAKICHOCO
開きチョコ

パン
アジアパン
Asia Bakery
毎度有難う
御座います
前橋市岩神町
2-4-26
TEL 027-231-4020

←アジア製パン所

ベーカリー
トングウ

←ベーカリートングウ

★いつもみんなが食べている
栄養パン

↑新田製パン

↓リバティ

パン・欧風菓子
リバテイ

↓西村パン

サラダパン

→パン工房 カギセイ

なつかしいおいしさ
ミックス
フルーツ
パン工房
カギセイ

↓ぐしけん

ぐしけん

↓吉永製パン所

吉永製パン所

Report

地元パン紀行
〜甲府編〜

1

電車でも車でも東京から
2時間かからない距離にある
山梨県甲府市へ、パンの旅に。
懐かしい味と景色が待っていた。

富士山麓に位置する、生まれ故郷の静岡県富士宮市は山梨県に隣接している。幼い頃は休日になると、家族でよく山梨に出かけた。高校には県を越えて通う同級生も多く、今も何人か友人が暮らしている。「みのりちゃんは、歴史と趣を兼ね備えた、地域に根付くパン屋が好きなのね」。ある日、友人から、こんなメッセージとともに、甲府市周辺のパン店を書いたメモが届いた。そうして出かけたパンの旅。昔ながらの風情と懐かしい味わいを残す、店や味に出合えた。

甲府駅から車で10分弱。住宅街の中に突如、存在感ある店舗が現れる。

ずんちゃんパン

〒400-0041
山梨県甲府市上石田2-9-7
TEL／055-228-0745

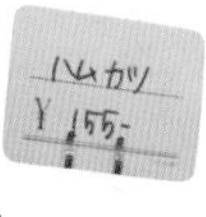

上／注目は、マヨネーズパンに鰹節味の千切りたくあんを詰めた「たくあん」。　**下右**／「UFO牛乳」は、バンズにたっぷりのホイップクリームをサンド。「ハムカツ」も人気。　**下左**／手描きポップも味がある。

お腹を満たしてくれる惣菜パンがぎっしり

一度聞いたら忘れられない店名「ずんちゃんパン」。先代が昭和38年に自分の店を開く前の修行時代、体つきがずん胴だったことから〝ずんちゃん〟という愛称で呼ばれるようになり、そのまま店名に付けたそう。立面に掲げられた看板のユニークな字面から、今では甲府きってのレトロスポットとしても人気を博す。

毎日深夜0時から仕込みを始める、惣菜系を中心としたパンの味も、もちろん甲府市民のお墨付き。ふっかふかに焼き上げたコッペパンに、コロッケやササミフライや玉子サラダをはさんだサンドパンは、何十年と店に通って食べ続けている長年のファンが多い。現在は、先代の父と同じ店で修行をした2代目の息子と、「お母さん」と親しまれる先代の妻が、およそ30種類の味を守る。

山梨県で最初に イーストを用いた老舗

日本のパンの歴史を語るのに必須なのが、アメリカでパン作りを学び、国内にイーストを広めた、甲州市出身の田辺玄平。彼から派遣してもらった職人から技術を習得し、山梨県初のイーストを使ったパン専門店として大正10年に創業したのが「丸十山梨製パン店」。当時はコッペパンや食パンを筆頭に、あんパン、ジャムパン、クリームパン、甘食などが店頭に並んだ。ちなみに現在、田辺氏の元で修行した職人は「丸十」の名で店を持ち、「全日本丸十パン商工業協同組合」に所属している。

店の一番人気で、甲府市民のソウルフードとして親しまれる「レモンパン」は、昭和10年頃から続く味。クッキー生地をのせて焼いた半円型のパンの形が、レモンに似ていることから名付けられたという。

丸十山梨製パン本店

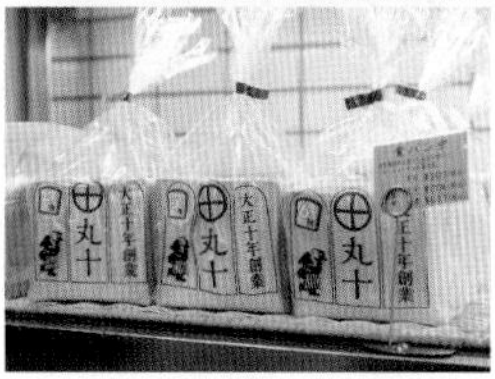

上／一番人気「レモンパン」と、マーガリンを合わせた「レモンパン付」は甲府のソウルフード。 **左下**／自家製酵母を使った食パン。

〒400-0031
山梨県甲府市丸の内2-28-6
TEL／055-226-3455

上／店舗は甲府駅から徒歩5分ほど。壁に描かれているのは「グラハムおじさん」。 **左下**／オリジナルのTシャツを着る4代目店主・梅本学さん。

学校給食で親しまれる懐かしいパンの味

国母通りと呼ばれる県道沿いで、戦後間もない昭和24年から3代続くパンの店。郵便局員だった初代が一念発起してパン屋を始めた。最初の頃はリヤカーにパンを積んで売り歩いていたという。それが今では、地域40校以上の学校給食や、購買での販売も手がけるまでに。昔食べた懐かしい味を求めて、毎日80種類ほどのパンが並ぶパン工場前の店舗まで、県内各地からやってくる。パンのおともに、山梨県の牛乳ブランド「武田牛乳」を合わせる人も多い。

　自家製天然酵母に使用しているのは、リンゴやブドウをすり下ろして、時間をかけて発酵させたもの。誰でも安心して味わえるように、無添加にこだわったパン作りをおこなっている。一番人気は、山梨のブドウがごろごろ入った「ぶどうパン」。

ルビアン不二

オリジナルのビニール袋には、店を描いた愛らしい絵。

右上／県道沿いの店は朝8時から営業。すぐ後ろにパン工場があり、焼きたてのパンが並ぶ。　**右下**／「カメパン」はチョコレート、「カニパン」はカスタードクリーム入り。　**左上**／パンの種類は80以上。

上／玉子、ハム、サラダなど、複数の味が楽しめる「サンドイッチ」、「バナナと生クリームサンド」、「きなこあげパン」、地元に根付く武田牛乳を購入。**右下**／昔ながらの「甘食」。ラベルのデザインもステキ。　**左下**／「UFOパン」は生クリーム入り。

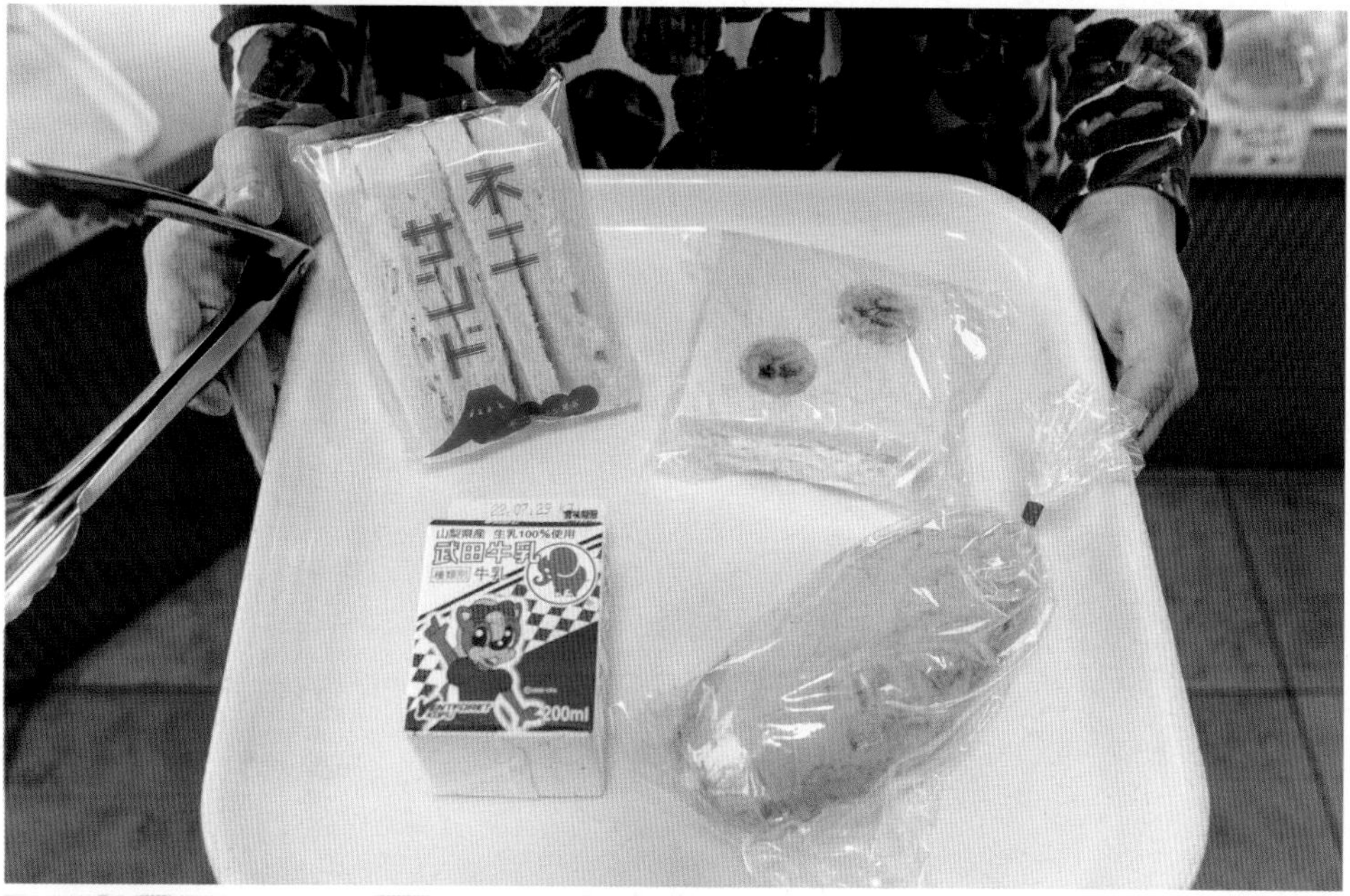

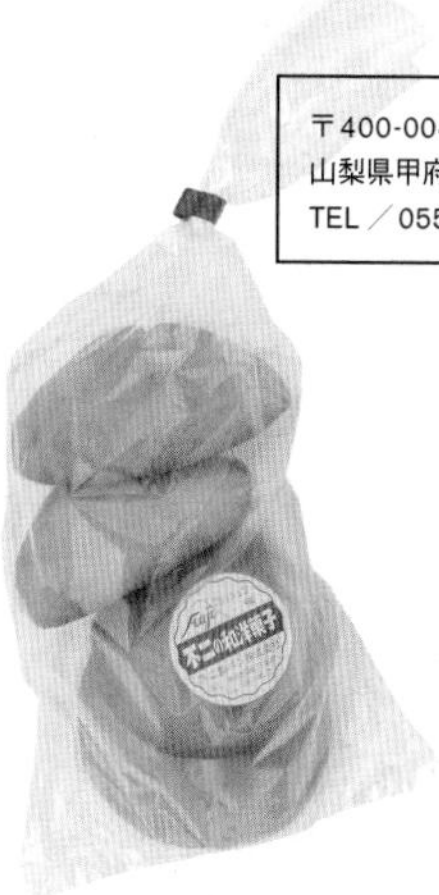

〒400-0043
山梨県甲府市国母5-4-1
TEL ／055-224-4481

まるや

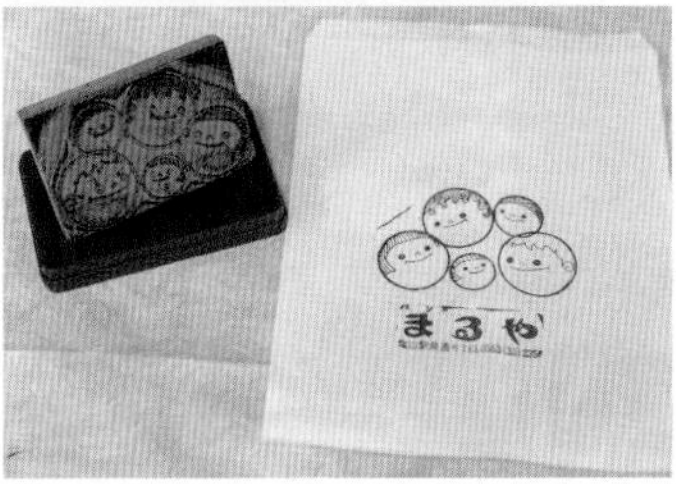

上／紙袋には「新宿中村屋特約店」の文字。中村屋のお菓子も販売している。 **右下**／一部の袋は、オリジナルのスタンプを押したもの。スタンプは、店主家族をモチーフにした愛らしいイラスト。 **下2点**／手みやげにも評判の「パウンドケーキ」。軽やかな食感の生地の中に、レーズンなどのフルーツが。

フルーツのまちで 3代続くパン屋さん

甲府に向かう前に立ち寄ったのが、JR中央本線・塩山駅から徒歩5分ほどの距離にある、パンと和洋菓子の店「まるや」。周囲には果樹園やワイナリーが点在する、豊かな食材に恵まれた地域。この地で昭和11年から3代に渡り続いている。昔は「森永エンゼルストア」として、まだ珍しかったコーラやペッツも販売していた。店内には大きなガラスケースが2つ。1つは素朴な佇まいの昔ながらの焼きたてパンが、もう1つには、レモンケーキやパウンドケーキなど焼き菓子が並んでいる。

地元の保育園では、バターロールやあんぱんが、おやつとして大人気。お小遣いをにぎりしめて、パンやドーナツを買いに来ていた子どもたちが、今は親となり家族を連れて買い物にやってくる光景にも出会える。

右／6個入りの「バターロール」は大量に作らないそうで、事前に電話予約するのがおすすめ。　**左上**／さっくりとした歯応えの「玉子パン」は、昔ながらのレシピを受け継いでいる。5個入りの「あんドーナツ」の中身は、特製の白あん。1個でもじゅうぶんな食べ応え。　**下**／ガラスケースの上に並ぶ食パンやコッペパンも、地元の人の食卓に欠かせない。　※写真内の価格は撮影当時のもの

〒404-0042
山梨県甲州市塩山上於曽1104
TEL／0553-33-2356

甲州市塩山駅前通りの、パン・菓子店「まるや」。現在の店舗は、平成11年に建て直したそう。

旅から持ち帰ったパンたち

旅先で求めたいろいろな味のパンや袋を並べて、記念に集合写真を撮る至福のときをお裾分け。

大田ベーカリー／鹿児島

昭和28年創業の、鹿児島を代表するパンメーカー。工場の販売所、鹿児島や宮崎のスーパーや生協、病院や学校などでパンを販売。工場では毎朝9時に昭和41年頃のCMソングが流れるそう。とある鹿児島のスーパーで、ねじって揚げたドーナツに、ピーナッツチョコレートをコーティングした「ツイストドーナツ」に出合ってから、創意工夫に満ちた、懐かしくも新しい味わいのパンの虜に。

左から時計回りで。ツイストドーナツ、コッペパン、ファミリー食パン、ベビーカステラパン、コーヒーサンド、ラムレーズンサンド、三角カステラサンド。幼稚園・小中高の給食・短大の売店全てで食べてきたという顧客もいるそう。

サクッと揚げた食パンと、専用の
こしあんを合わせた、アンフライ。

マルツベーカリー／奈良

左から順番に。イタリヤンパン、ジャムパン、ピーナッツパン、いちごロール、チョコレートロール、バタークリームロール、シューパン、パピロ、小倉あんパン。ファミリー食パン、ストロングブレッドという2つの食パンも、家庭の朝食パンとして人気。

先代は「これからはパンの時代」と先見の明をもち、昭和23年にパン屋を創業。創業当時から70年愛される、白いうず巻き模様のパンに、バタークリームに似たミルク風味のクリームを挟んだ「パピロ」の名は、クリームの商品名に由来。地元では、法事や仏前のお供えものにお菓子でなくパンを注文する人も多いほど愛される存在。

パン、焼きそば、ごはん、炭水化物の三位一体、そばめしロール。

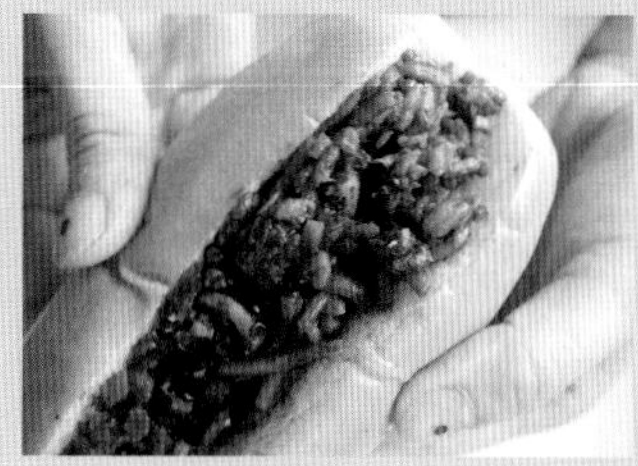

昭和21年に創業し、地域の学校給食を手がけてきたため、神戸っ子には「ハラダのパン」「原田パン」と呼ばれ親しまれる。ラグビーボール型メロンパン発祥の地・神戸で人気の白あん入り「神戸のメロンパン」、抹茶あんと栗の粒入り「神戸の抹茶メロンパン」、表面をサクサクのビスケット生地でおおった関西独自の呼び名「サンライズ」と、メロンパンの種類も豊富。

厚切り食パンが一般的な関西らしい、4枚切りの食パン、上食。

麦酵舎 はらだ / 兵庫

左から時計回りで。そばめしロール、牛すじぼっかけパン、神戸のメロンパン、サンライズ、神戸の抹茶メロンパン、シャーベットクリーム。オリジナルのトートバッグもある。

左から順番に。バナナロール、バタークリームロール、ミルティ、3個入りあんぱん、ホームパン、メロンパン。私が監修を手がけた、和歌山県田辺市の観光案内冊子でも、隣町での製造ながら地元でなじみの味として紹介している。

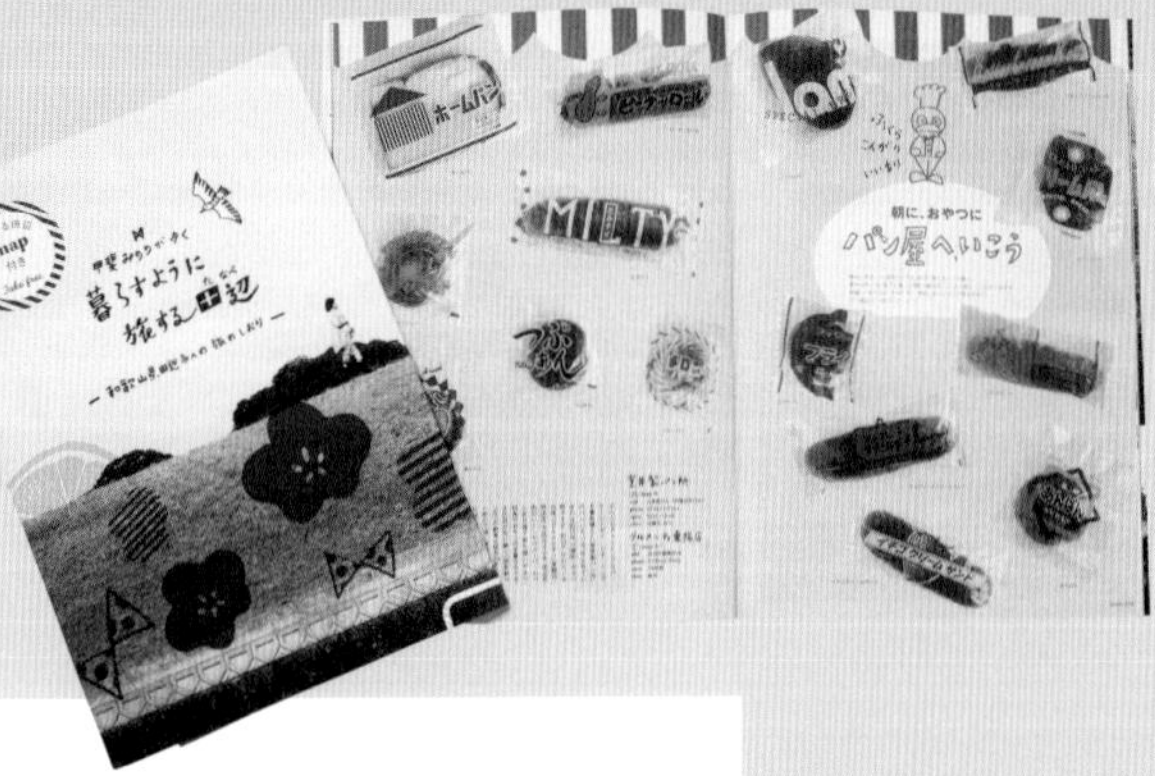

室井製パン所 / 和歌山

日本一の梅の里・和歌山県みなべ町で、戦後間もない昭和29年に創業。繁忙期に菓子パンをどっさり買い込み、休憩時間にみんなで味わうというのは、地元の梅農家の方から聞いた話。工場併設の直売所での販売だけでなく、スーパーへの卸売りも多い。店頭売りのパンの価格は、そのほとんどが100円台。創業当時はパン1つ、10円で販売していたそう。

麹がイカのうま味を引き出し、パンとジャガイモが塩辛の塩気を程よくまろやかに包み込む。お酒とも好相性。

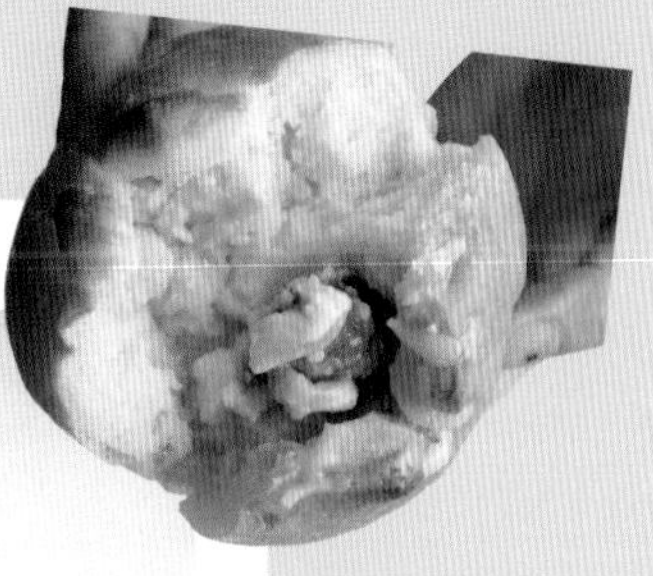

ニューフルカワ / 石川

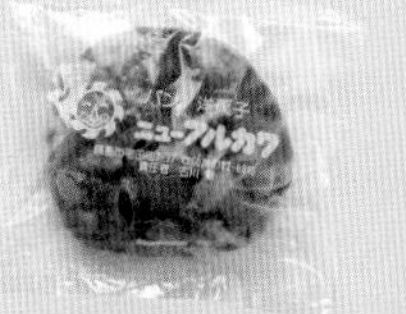

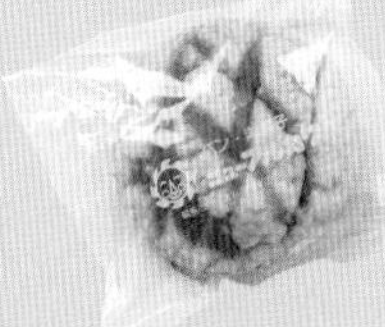

上から時計回りに。能登の卵製カステラを挟んだ、ウエハース。栗あん入りのメロンパン。金得豆がごろごろの一番人気、豆パン。表面はさっくりのクッキー生地、中にはカスタードたっぷりの、UFO。ジャガイモと塩辛入りの塩辛パン。

ニューフルカワの創業は1980年代。社長夫婦が、珠洲市から輪島に居を移して開業した。あるとき、岐阜出身の娘の夫が、朝市に並ぶ地元のおばちゃん手づくりの麹漬けのイカの塩辛の素朴ながら深みのある味に感動。ジャガイモと塩辛を、もっちりとした生地で包んだ塩辛パンを、夫婦で生み出した。今では輪島朝市の名物として知られる。輪島朝市の出店や通常の店舗で購入できる。

P.53～57　協力：ESSE online　撮影：三浦まきこ（ロル）

私と旅とパン ①

〈旅する先で出合ったパン〉

パンにまつわる旅の記録。旅するさなか、偶然出合ったパンもあれば、そのパンを食べてみたい一心で目指した町もある。

Column

旅先でビジネスホテルに泊まるときは、たいていは素泊まりを選ぶ。それというのも地元パン探訪のため。前日に買っておいたパンを食べることもあれば、少し早めに目覚ましをかけ、まだ覚めきらぬ目をこすりながら、散歩がてら朝の町へ朝食を買いに出かけたり。その町一番の老舗まで、借りものの自転車を走らせてみたり。一日の最初にとる食事が、その土地なじみの味であれば、町とぐっと親しい間柄になれたような気がしてくる。

パン専門店。菓子屋。喫茶。スーパー。コンビニ。駅の売店。道の駅。地元パンは不意に目の前に現われるから気が抜けない。出合えたからと言ってあとまわしにでもしてしまえば、たちまち先に他の人が持ち帰る。かわいいなあ。お、粋だね。いい顔してる。いい味出てるよ。パンや店に向かって、ついつぶやきがこぼれ落ちる。

まだまだ行ってみたい町があり、いつか食べてみたいと思う味は尽きない。さらに、好みのパンに出合えた記憶は、再訪への願いもつのる。

私のパンの旅は、空腹を満たすためでなく、町を、人を、時代を、もっと好きになるための旅だ。

下3点／山梨・富士吉田市の「萱沼製パン」。卸しを主とする工場の一角で「食パンつけ合わせ」の販売も。注文後に食パンをカットしジャムやクリームを塗って完成。

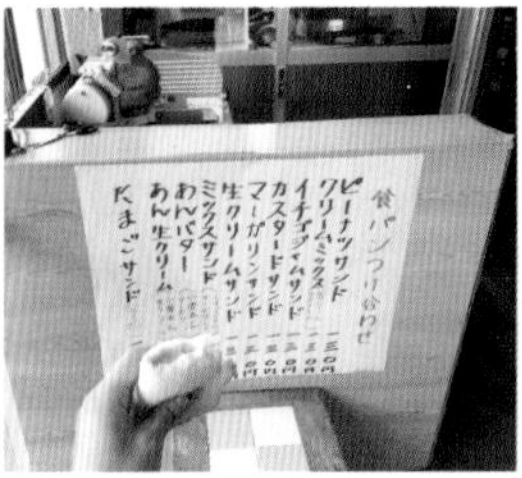

訪れた時期は異なり、現在は状況が変わっているところもあるため各店へのお問い合わせはご遠慮下さい。（P.58～61、141、144～146、224～228）

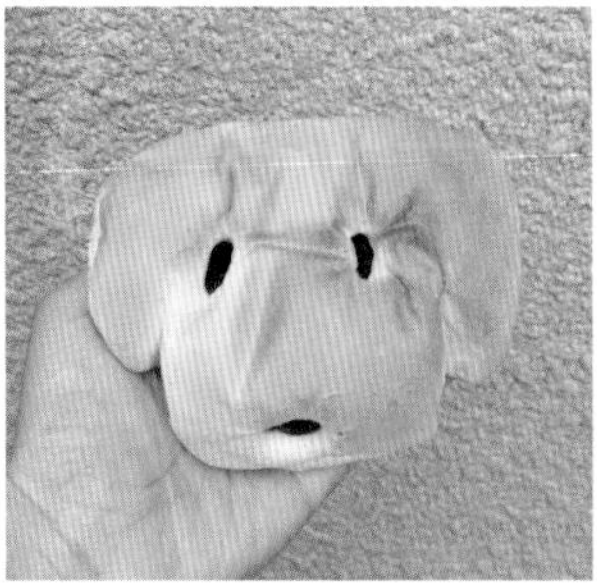

上2点／大正5年創業「友永パン屋」。友が暮らす大分・別府で一番の繁盛店。小倉・こし、2種類あるあんぱんは、これまで食べたあんパンの中でもっとも好み。クリームパン「ワンちゃん」も定番。

右上／「寿屋」のぶどうパン。姫路のスーパーで購入。1960年頃からつくっているそう。　右下／島根県境港市「伯雲軒」のブドーパン。水木しげるさんが愛したことでも知られている。購入はスーパー。　下3点／愛知・豊橋市で明治時代に創業した「コンドーパン」。近くに高校や大学があり、学生たちからも愛される。レモンパン、サンドイッチ、中央牛乳を購入。

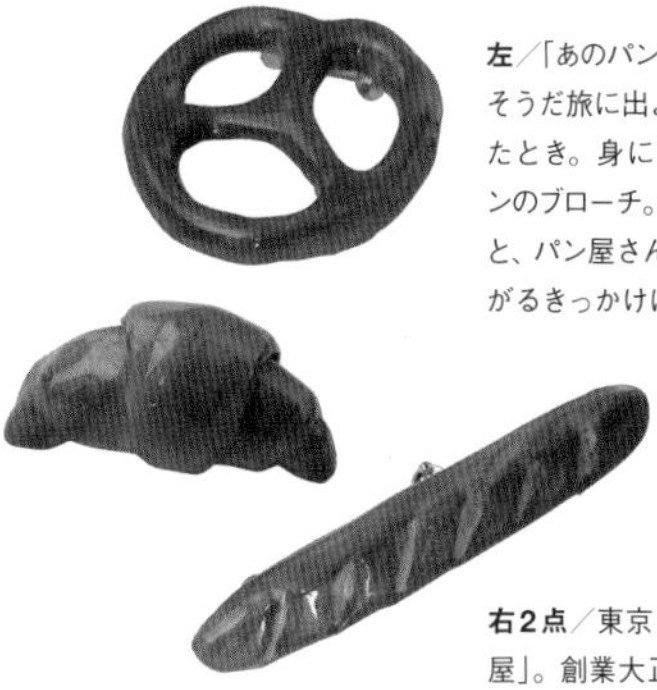

左／「あのパンが食べてみたい、そうだ旅に出よう」と思いたったとき。身につけ出かけるパンのブローチ。「あら、いいわね」と、パン屋さんとのはなしが広がるきっかけになったことも。

右2点／東京・墨田区キラキラ橘商店街のコッペパン専門店「ハト屋」。創業大正元年。今も大正時代製のガス窯をつかってパンを焼く。注文するとジャムやピーナッツクリームを塗ってもらえる。

※コラム「私とパンと旅」①〜⑤は、著者が実際に旅先で訪ねて食したパンやその店の様子を書き留めた当時の記録を元にした、旅のルポルタージュです。

岐阜県高山市で60年以上続く「こまやパン」。飛騨牛乳と地元の卵で作るカスタードクリームが、みっちり詰まった「ミルクボール」が大好物。地元でおなじみ「飛騨コーヒー」と味わうのが至福。

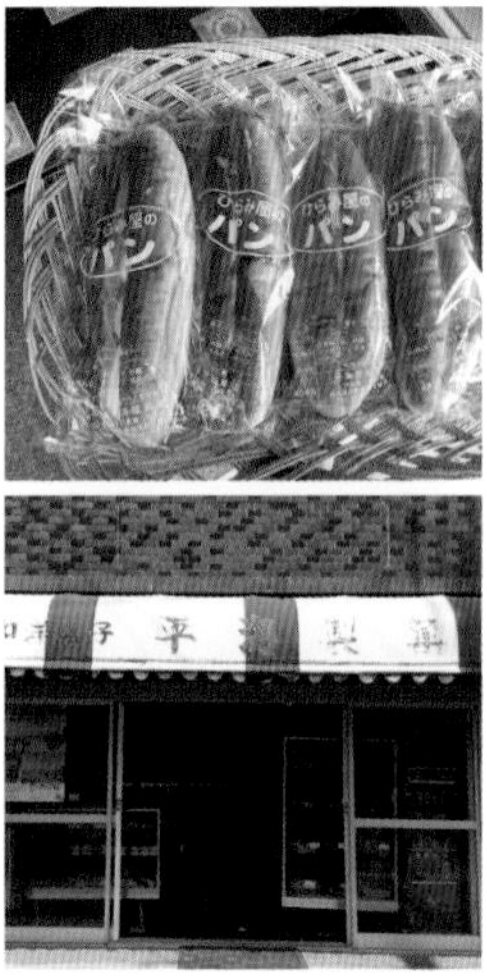

屋久島を旅したときのこと。地元の人に「島にはパン屋さんがほとんどなくて、パンが食べたいときはここで買う」と教えてもらった「平海製菓」。和洋菓子、食パン、菓子パンが仲良く並んでいた。

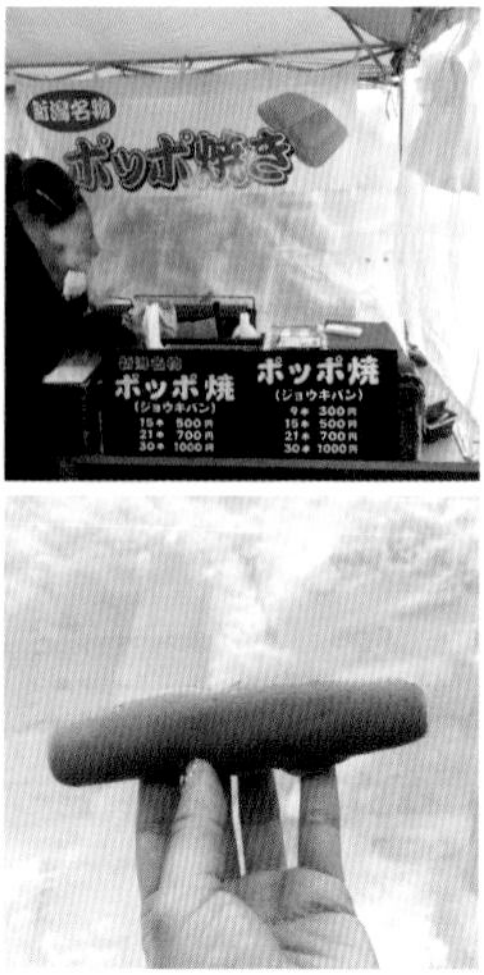

新潟・下越地方の屋台でおなじみ「ポッポ焼き」。専用の焼き器から蒸気が出るため「蒸気パン」とも呼ばれる。材料は、薄力粉、黒砂糖、炭酸、ミョウバン、水。もっちり甘い素朴なおやつ。

山形・酒田を旅したとき、帰路の電車の中で食べたのが、明治35年創業「酒田木村屋」のランチパン。黄色い袋はメンチカツ入り。緑の袋はポテトサラダ入り。どちらもふわふわのコッペパン。他にピーナッツクリームもあり。

神戸を旅して新幹線に乗車する前、必ず立ち寄り、パンやバターや焼菓子を買って帰る「フロインドリーブ」。ドイツ人の創業者と日本人妻は、昭和52年放送のNHK連続テレビ小説「風見鶏」の主人公のモデル。

小田原駅前「守谷製パン」で、あんパン、ジャムパン、甘食を買い、元は田中光顕伯爵別邸「小田原文学館」の庭園で賞味。甘食にはピーナツバターを塗ってもらえる。

設計は志賀直哉の弟で、建築家の志賀直三。墨田区の向島でひときわ豪奢な喫茶店「カド」へは、旅するような心持ちで出かける。マスターが焼く、くるみパンが名物。

福岡を代表する地元パンといえば、「リョーユーパン」の「マンハッタン」。発売40周年を記念して限定でつくられた手ぬぐいも、パンの旅のおとも。

年に一度は訪れる熱海。県道103号線を通るたび、「パンとケーキ」と味のある看板に目がとまる。店の名は「みのや」。ショーケースの中、ピザパン、サラダパン、ドーナツなど、素朴で懐かしい様相のパンが並ぶ。

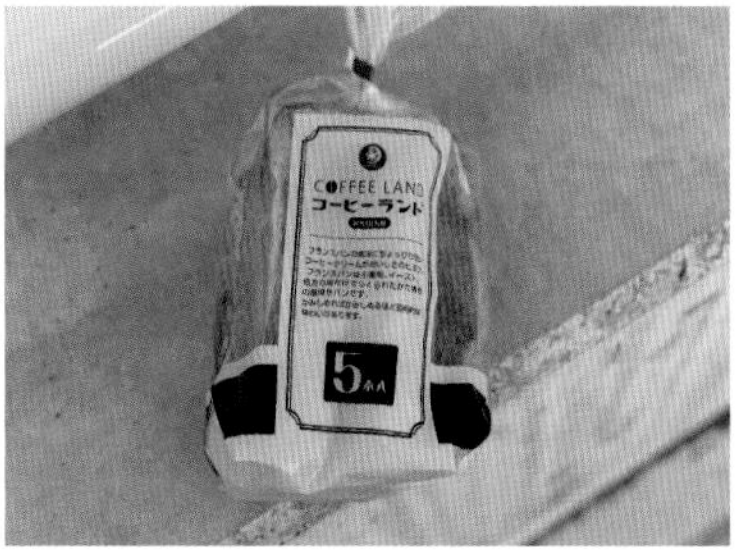

大阪府岸和田市で安政2年に和菓子店として創業した「永月堂」。塩気のあるフランスパンにほんのり甘いコーヒークリームをはさんだ「コーヒーランド」は、サービスエリアや産直などでも販売をおこない大人気。

右2点／福岡・小倉を訪れて感激したのが駅前の「シロヤ」。ショーケースにぎっしりの洋菓子とパン。1個50円以内・100円以内のパンやお菓子があまた。子どもたちもおやつを買いにやってくる。

パンや店のロゴ②

いい店、いいパンのロゴは、
同じように「いい顔」をしている。
店の個性や歴史が垣間見える、
素朴なデザインが愛らしい。

（ロゴや絵柄の一部分のみ掲載しているものもあります）

↑ベーカリートングウ

←マルキン製パン工場

↑パンネル

↑佐野屋製パン

←太豊パン店

↑清水屋パン店

↓つるやパン

←ササキパン

→かねまるパン店

→万幸堂

↑ベーカリートングウ

↑ニコラス精養堂

↓オクムラベーカリー

→杉本パン

←メロンパン本店

→イケダパン

第2章 種類別地元パン図鑑

その成り立ちはもちろん、味わいや姿かたちも様々な地元パン。この章では、全国から採集したパンを種類ごとに分別してご紹介。

あんパン

上

特製あんパン・こしあんパン

中村屋／千葉

大正8年、中村屋本郷店から独立し創業。館山駅前店1階はパンと焼菓子がずらり。2階は喫茶部。つぶ餡がみっしりつまった特製あんぱんと、なめらかなこし餡のこしあんパンはケーキに類する満足感。

左

くまぐすあんぱん

ララ・ロカレ／和歌山

観光案内誌を制作した縁でたびたび通う田辺市。世界的学者・南方熊楠が暮らした町の新名物。徹夜の際、必ずあんぱんを6つ用意した熊楠の逸話にちなみ、こし・酒種・紀州梅など6種の味が揃う。※現在は休売中

大島あんぱん

デイリーヤマザキ 新潟大島店／新潟

昭和レトロかつ個性的な内装で話題の、デイリーヤマザキのフランチャイズ店。平成27年からの名物あんぱんは、しっとり柔らかい生地の中に、粒あんとたっぷりのホイップクリームが。「大島」の焼印が目印。

コッペパンアンバタ

山口製菓舗／千葉

大正3年に和菓子店として創業した老舗で、70年間愛されるロングセラー。昭和20年からの店の顔・天然酵母でふっくら焼き上げたコッペパンに、低トランス脂肪酸マーガリンと北海道産小豆100%の自家製粒あんをたっぷりサンド。50円追加でマーガリンをバターに変更も可。

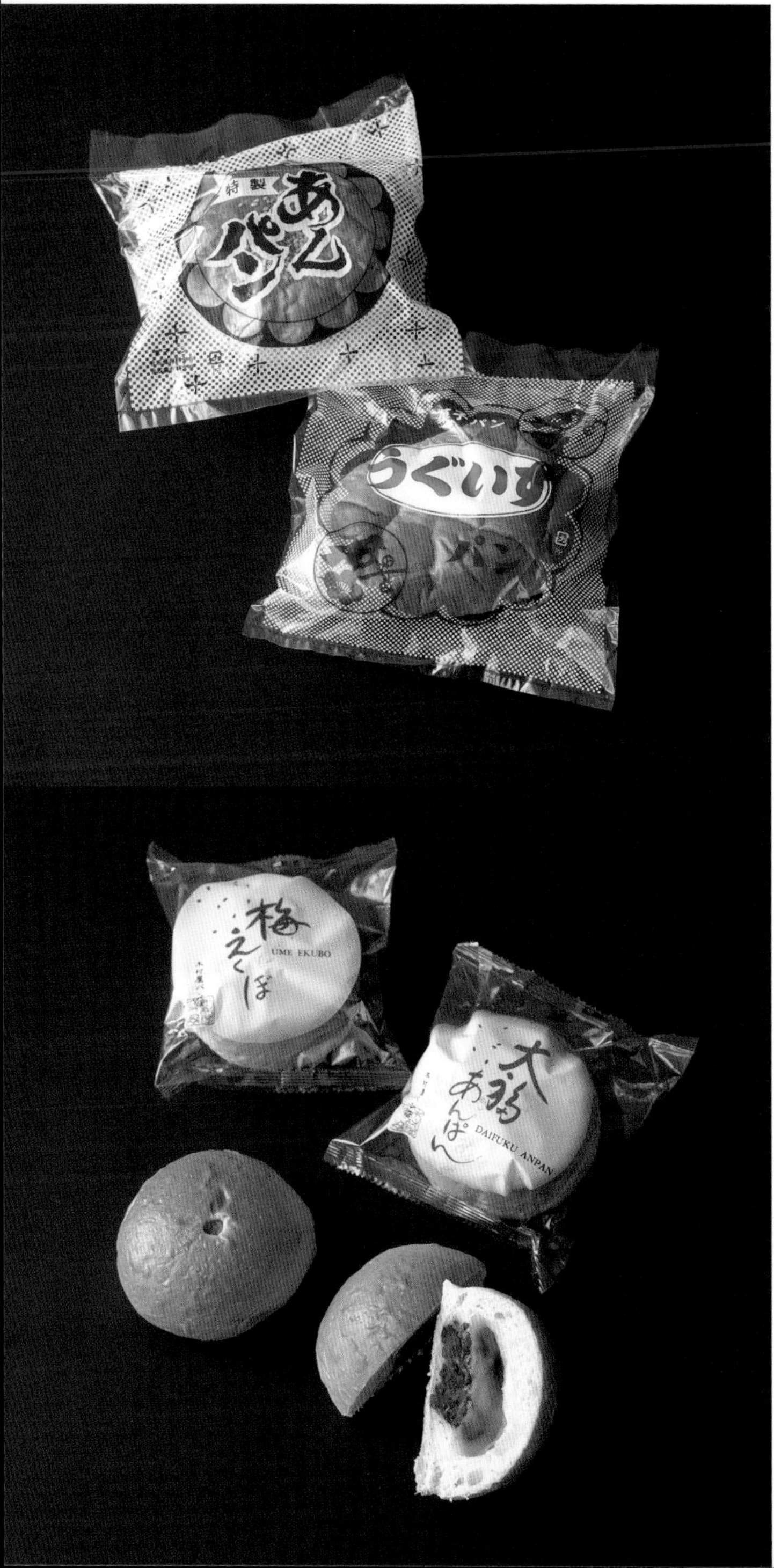

上

あんパン・うぐいすパン

大栄軒製パン所／三重

昭和12年創業。十勝産小豆をたっぷり詰めた粒あんパンは歴代一番人気。青エンドウ豆のあんを使ったうぐいすパンとともに、袋のデザインは初代が手がけた。DJ活動もおこなう3代目が昔ながらの味を守る。

下

大福あんぱん・梅えくぼ

ヨーロッパン キムラヤ／福井

昭和2年創業の老舗の2代目が、パリに住む大福好きの息子に届けて欲しいと手製の大福を友人の母から預かり、ブリオッシュ生地に包んで届けたのが「大福あんぱん」の始まり。「梅えくぼ」は福井名物・水ようかんにかかせない黒糖餡をブリオッシュ生地で包み、おへそに練り梅をトッピングしたもの。

ココナツアンパン

辰野製パン工場／長野

自家製粒あんを生地で包み、ホワイトチョコレートでコーティング。最後にココナッツをまぶして完成。昭和33年の創業時に、他にないパンをと考案されて以来のロングヒット商品。発売当初からのファンも多い。

特選豆パン

ロバパン／北海道

生地に練り込まれているのは北海道産の甘納豆。北海道大学の教授と生徒に豆の煮付け方を教わり、パンへの使用の助言を得て昭和15年に誕生。社名は昭和6年の創業時、ロバが引く荷車で販売したことに由来。

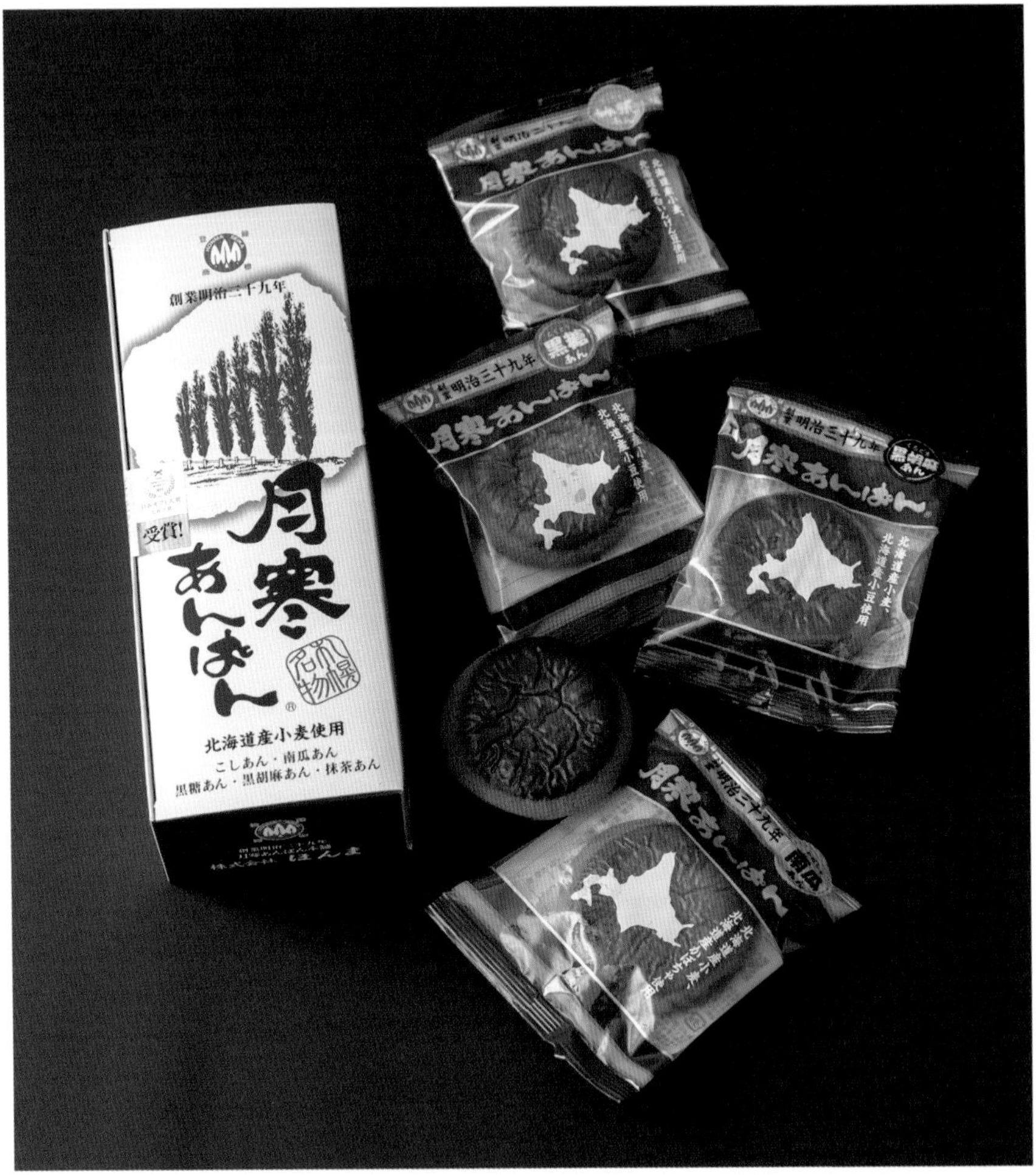

月寒あんぱん

月寒あんぱん本舗 ほんま／北海道

北海道産の材料を使った月餅風のまんじゅう。明治39年に月寒の地で、陸軍の連隊長とともに銀座で流行しているあんぱんを想像しながら作られた味が守り継がれる。賞味期限が長く保存食としても重宝。

しずやぱん

SIZUYAPAN／京都

昭和23年から続く老舗が、平成24年に京都駅にオープンしたあんぱん専門店。小倉、黒豆ゆず、和栗、シナモン、抹茶小倉、抹茶、安納芋、ゆず、濃い抹茶、プレーンなど、京都らしいあんの種類も豊富。手みやげに人気。

元祖のパン

下

ジャムパン

銀座木村家／東京

明治33年に、三代目・木村儀四郎が開発。日露戦争中、陸軍に納めていたビスケットサンドを応用し、そのジャムをパンにも活用。伝統の杏ジャムを酒種パンで包んで鰹節型に焼き上げる。

中

酒種あんぱん 桜

銀座木村家／東京

初代は明治2年、日本人初のパン屋を開業。明治7年、酒まんじゅうに着想を得て、こし餡の「けし」とつぶ餡の「小倉」あんぱんが誕生。翌年、桜の塩漬けを埋めた「桜」を明治天皇に献上し大流行。

上

元祖カレーパン

カトレア洋菓子店／東京

前身は明治10年創業「名花堂」。洋食ブームがおこった昭和初期、人気だったカレーライスのルーをパン生地で包み、カツレツのように衣をつけて揚げたのが始まり。カツレツの形に倣い楕円形に。

下

元祖コッペパン

Bakery&Cafe マルジュー大山本店／東京

日本で初めてイーストでの製パンを開発したのが、大正2年に丸十製パンを創業した田辺玄平。食パンの配合で兵糧としてコッペパンを考案し軍に納品。ふっくらおいしいパンを一般家庭に普及させた。

中

元祖クリームパン

新宿中村屋／東京

明治34年創業の中村屋。その3年後、シュークリームに着想を得て創業者夫婦が創案したのがクリームパン。最初は柏餅型で、後にグローブ型に。中華まんじゅう、月餅、純印度式カリーも生み出した。

上

フランスパン バゲット

関口フランスパン／東京

明治21年、フランス人宣教師の指導で小石川関口教会附属・聖母仏語学校製パン部として創業。日本で最初に本格的なフランスパンをつくり、各国大使館や在留外国人、一般家庭からも需要を集めた。

コロッケパン

チョウシ屋／東京

昭和2年に精肉店として創業。洋食のメニューだったコロッケを惣菜として売り出した最初の店。昭和24年に近所の印刷工場からの要望でコロッケパンをはじめた。コッペパンの他、食パンも選べる。

スナックサンド タマゴ

フジパン／愛知

大正11年、名古屋でパン・菓子の製造販売を開始。家庭の味を手本に、パンの耳を落とし、しっとり食パンに具材をはさんで、昭和50年に発売。片手で手軽に食べられる携帯サンドイッチの元祖。　※上写真は2015年当時のもの。右下は2023年現在のパッケージ

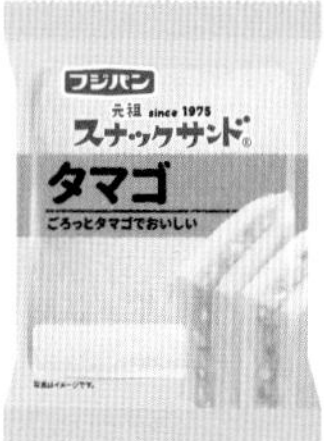

左

メロンパン

オギロパン／広島

関西地方では、一般的な円形のメロンパンをサンライズと呼び、アーモンド型で白あん入りをメロンパンと呼ぶ店が多い。ビスケット生地に包まれたオギロパンのメロンパンはカスタードクリーム入り。

右

コッペパン

オギロパン／広島

昭和20年代頃までに開業した中国・四国地方の一部のパン屋では、いわゆるメロンパンをコッペパンと呼ぶ店が多い。一方、いわゆるコッペパンは味付けパンや給食パンと呼ぶ。定かでない起源に興趣が傾く。

メロンパン

左下

グンイチの カリカリメロンパン

グンイチパン／群馬

「群馬で一番おいしいパン屋になろう！」と自転車の荷台にのせてパンを売りはじめたのが昭和29年。きっちり筋目の入ったメロンパンはその頃から販売。卵白を使ってカリカリ音をたてる独自の皮に。

右下

メロンパン

石井屋／宮城

和菓子屋として昭和3年に創業。パン屋をはじめた2代目が昭和30年頃から売り出した独特なメロンパン。歯切れのいいバターロール生地にそぼろをまぶし、中にはしっとりのカスタードがたっぷりと。

左上

岡パンのメロンパン

岡田製パン／静岡

実はこちら、メロンパンではありません！クリームチーズ入りパンを「メロンパンください」と言う人がおり、倉庫にあったメロンパンの袋に入れたところ評判に。これぞメロンパンと育った掛川っ子多し。

右上

メロンパン

新田製パン／群馬

格子状ではない縞の模様がチャームポイント。外皮のビスケット生地のさっくり感をあえて控えめに残し、しっとりふんわりとした口当たりを感じられるよう職人が手づくり。花柄袋も愛らしい。

左

キンキパン 元祖メロンパン（白あん）

オイシス／兵庫

神戸はマクワウリ型のメロンパン発祥地。しっとりやわらかな生地の中には、地元の老舗・池田製餡所の和菓子のように上品な味わいの白あんが。昭和40年代前半、販売開始当時の「キンキパン」ブランドを継承。

右

メロンパン

万幸堂／熊本

昭和23年に和菓子店として創業した店で、昭和30年代から受け継がれる素朴な味。外側のクッキー生地はサクサクで、中側はふんわり。適度な甘さでいくつでも食べられる。以前は学校給食に出ていたほど地元ではお馴染み。

下

ジャムパン

相馬屋菓子店／岩手

昭和25年創業。菓子店というだけあって、もっちりとした生地の中に、ぎゅっとつまったいちごジャムは、たちまち疲れが吹き飛ぶ癒しのあまあじ。スーパーでも販売され、地元では知らぬ人なし。

上

ジャムソボロパン

清水屋パン店／静岡

あんパンやクリームパンが主流の昭和30年頃、新たな品をとミックスジャムをパン生地で包み、小麦粉・砂糖・油脂・卵を混ぜたソボロをのせて焼成。発売時は贅沢品と喜ばれた。地元の高校でも販売。

ジャムパン

チョコパン

住田製パン所／広島

和菓子の製造をしていた初代が、大正5年に尾道初のパン屋を開業。昭和25年にカカオの輸入が解禁されチョコクリームが普及。昭和30年代中頃から犬型のパンにチョコクリームを入れたパンを作り始めた。

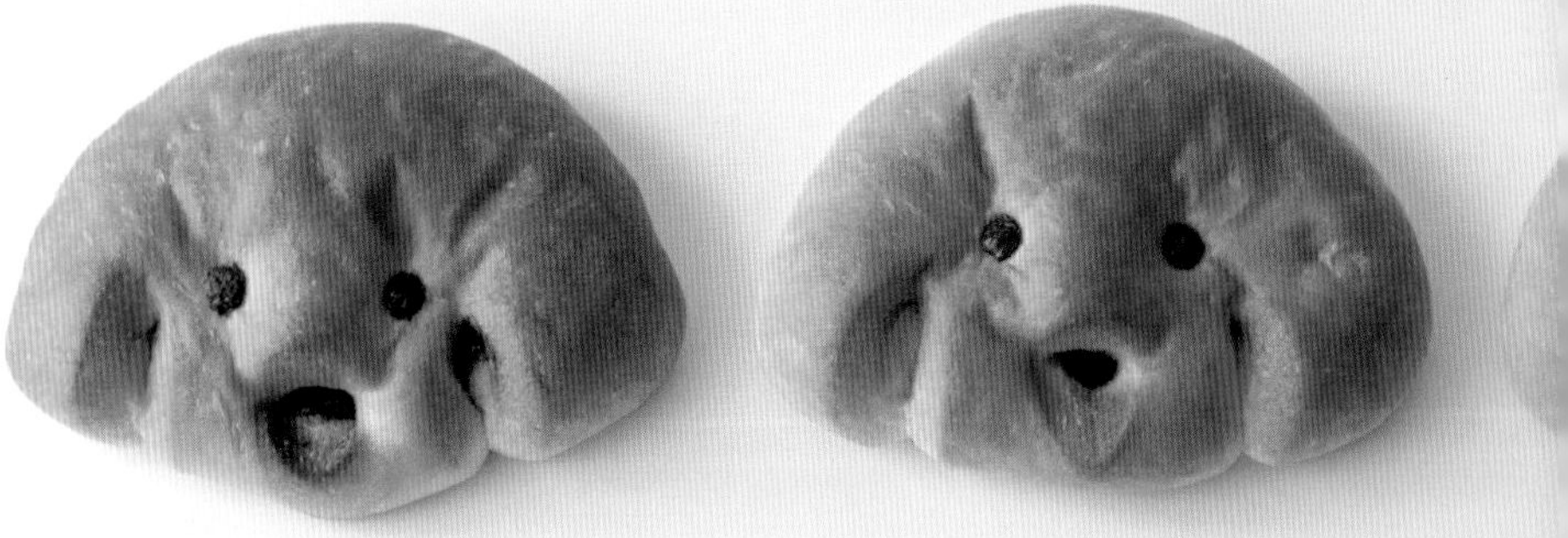

チョコレートパン

サンミー

YKベーキングカンパニー／大阪

“お菓子のように気軽に味わえるデニッシュ”との思いで昭和46年に誕生。クリーム＋パン生地上のビスケット生地＋線書きチョコ＝3つの味で「サンミー」。※写真のパッケージは2015年当時のもの

ベストブレッド

富山製パン／富山

ココア風味の四角いパンの間に、チョコクリームを挟んだ香ばしい揚げパン。地元の学校や南富山駅の自販機でも販売される。冷やして食べたり、温めるとチョコレートがじんわり生地に染み込みまた一興。

ベタチョコ

たいようパン／山形

東京オリンピック開催と同じ昭和39年に発売。バタークリームを塗ったコッペパンの開きに、溢れんばかりにチョコレートをコーティング。閉じて食べればチョコの密度が増し通好みと言われる。

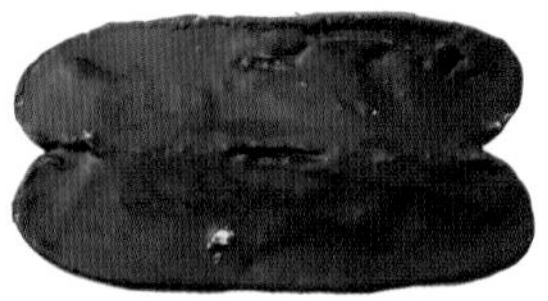

開きチョコ

りょうこく／山形

発売は50年前。開いたコッペパンにバタークリームをのせて、口溶けのいいチョコレートでコーティング。昭和22年創業の「りょうこく」は、山形県内の学校給食でパンや米飯の供給もしていた。
※2019年閉業

チョコブリッコ

日糧製パン／北海道

ホイップクリームをサンドしたココアケーキをチョコでコーティング。ぶりっこという言葉が流行した1980年代に誕生。イラストの女の子・チョッコちゃんは松田聖子をイメージしているとか!?　※上写真は2015年当時のもの。左下は2023年現在のパッケージ

クリームパン

うさぎパン

リバティ／東京

このおとぼけ顔に会いたくて、下町・谷中のよみせ通りを目指す。しっとり生地の中身は、まったり優しいカスタードクリーム。ナイフを入れた断面からレーズンがこぼれ落ちるぶどうパンも名物。

下

カスタードクリームパン

三葉屋／愛媛

昭和25年の創業時から無添加を貫くパン屋。クリームパンは、噛みごたえのある生地と、卵と牛乳でなめらかに仕上げたカスタードクリーム。昭和天皇御来県の際には食パンを献上したことも。

上

クリームパン

湘南堂／神奈川

江の電・江ノ島駅からすぐ。昭和12年より無添加パンをつくり、古くは「片瀬のパン」と親しまれた。グローブ型の生地には、ぽってりなめらかなカスタードクリームが。紙袋のイラストにも和む。

クリーム系パン

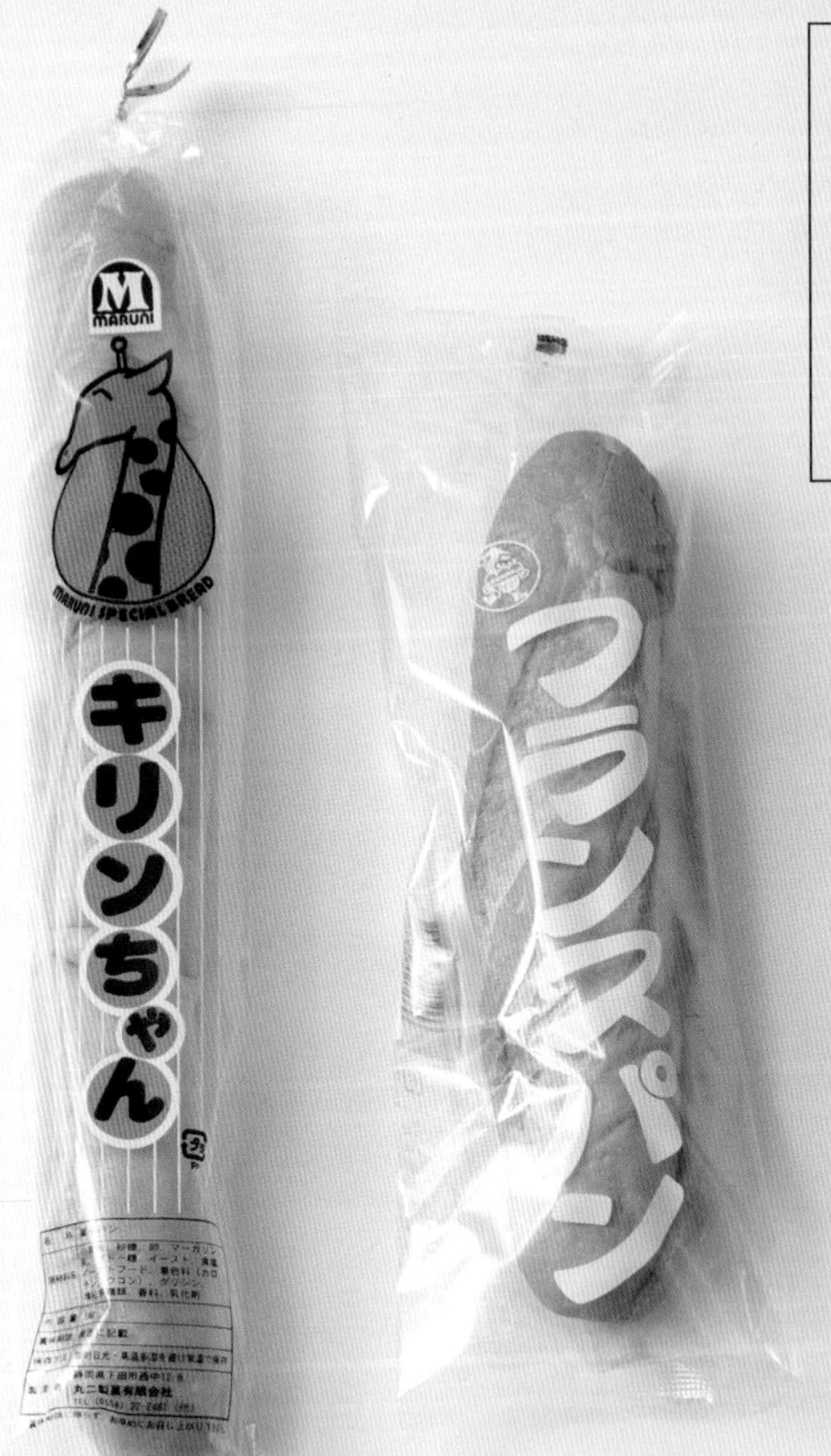

左ページ上

タマゴパン

一野辺製パン／岩手

鶏卵を使用してふわっと黄色く焼き上げた大ぶりのパンに、甘さ控えめのホイップクリームをはさむ。昭和36年からのロングセラー菓子パン。直売所以外では、岩手や青森のスーパーで求められる。

左

キリンちゃん

丸二製菓 こんがりあん／静岡

丸二製菓として創業した昭和28年当時。まだ珍しかったキリンの首に見立て、1本ずつ生地を手でのばし、焼き上がったパンにミルククリームをはさむ。60年以上変わらず子どもやお年寄りに大人気。

右

フランスパン

さわや食品／富山

スーパー・学校・病院などで販売をおこなう卸売専門のさわや食品。「昆布パン」は昆布好きな富山県民におなじみ。ソフトフランスパンにホイップクリームをはさんだフランスパンの存在感たるや！

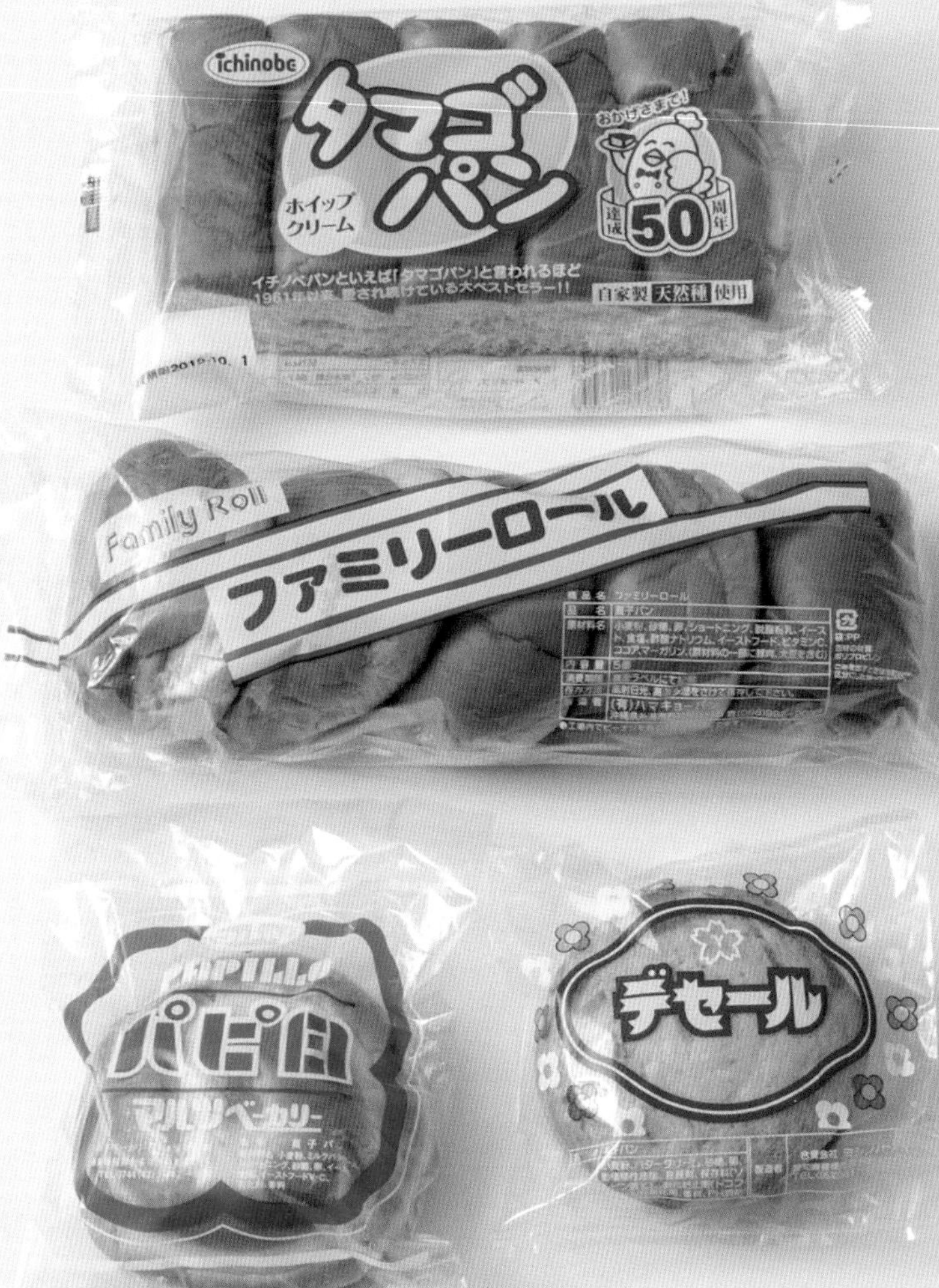

左下

パピロ

マルツベーカリー／奈良

渦巻き模様のパンに、ミルクバタークリームをはさんだ「パピロ」は、昭和23年の創業時からの看板商品。食パンにこしあんを挟んで揚げた「アンフライ」も桜井市民のソウルフード。

右下

デセール

ヨシノパン よしのベイカリー／愛知

東海道の宿場町が置かれ東西文化が融合する東三河地方の、数軒のパン屋のみがつくる菓子パン。昭和初期、関東の甘食が手本のソフトな生地に、バタークリームを塗ったのが起源という説も。 ※閉業

中

ファミリーロール

ハマキョーパン／沖縄

家族で仲よく手頃な価格でおいしいパンを食べられるようにと考案されたクリームパンのセット。昔、我が家も、休日のおやつに家族みんなで菓子パンを食べたっけ。糸満市のスーパーや移動車で販売。

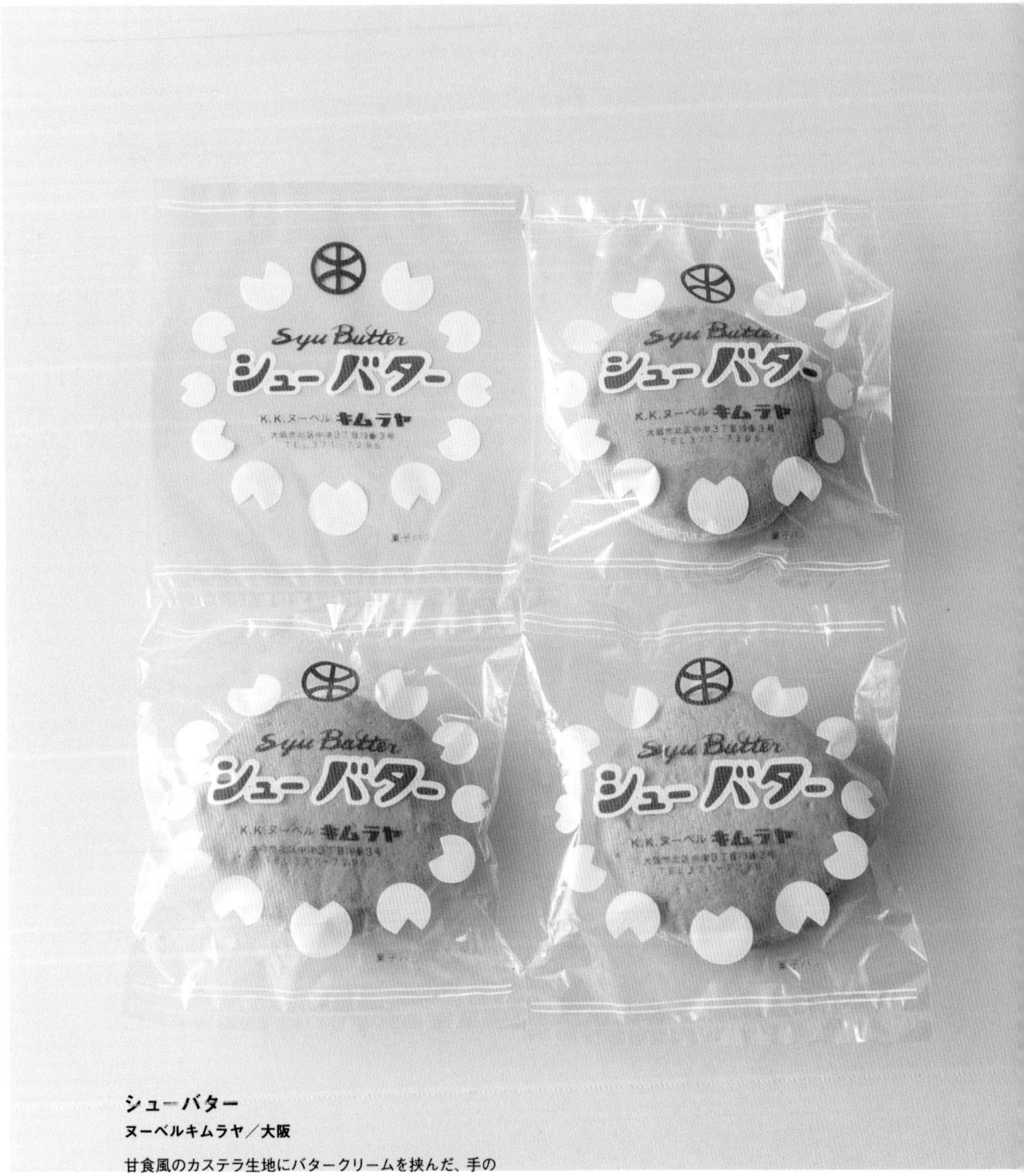

シューバター

ヌーベルキムラヤ／大阪

甘食風のカステラ生地にバタークリームを挟んだ、手のひらサイズの菓子パン。以前、中津にあった同じ店名のパン屋の分家で、1923年の創業から100年を超える地域密着型のパン屋の名物。袋のデザインがチャーミング。

キリンパン

金井製菓製パン所／島根

キリンの首のように細長く焼き上げた、柔らかい食感のコッペパンの間に、生クリーム風味のバタークリームをサンド。隠岐の島で70年ほど続くパン店で、子どもから年配者まで幅広く愛される親しみのある味。

モアソフト
亀井堂／三重

昭和54年に誕生。国産小麦、麹酵母、ホイップクリームなどを使って焼き上げ、ふんわりもっちりの食感に。ほんのり甘く、焼きたては手でちぎってそのまま食べる人も。先代は脱サラをして昭和25年にパンの道へ。

食パン系

ハード山食
イスズベーカリー／兵庫

昭和21年の創業当時は大工特製のドラム缶を使った薪釜でパンを焼いていたという老舗の名物。角型食パンが主流だった昭和40年代、毎日食べても飽きない山型食パンを考案。フランスパン用の粉を配合し、トースターで焼くとさっくりの食感に。

左

おはよう食パン

金井製菓製パン所／島根

地元の喫茶店にも卸しをおこない、添加物無使用の昔ながらの味わいが広く親しまれる。ふかふかと柔らかい生地は、ほんのり甘く、トーストしても軽やかな歯切れ。「おはよう」という名前の通り、朝食にぴったり。

右

ハーフタイプ食パン

ヨーロッパン キムラヤ／福井

ハーフタイプといえども、27センチの大ぶり。表皮までソフトに焼き上げられているので、耳もおいしく味わえる。ヨーロッパ風のパンを宮家に献上していたこともある昭和2年創業の老舗のロングセラー。

甘味食パン

オカザキ製パン／愛知

昭和8年創業のパン屋が、昭和40年代から作る山型食パン。デザートのような甘味を感じるパンを作りたいと考案されたそう。少しトーストしてバターを塗ると、バターの塩味がパンの甘さをさらに引き立てる。

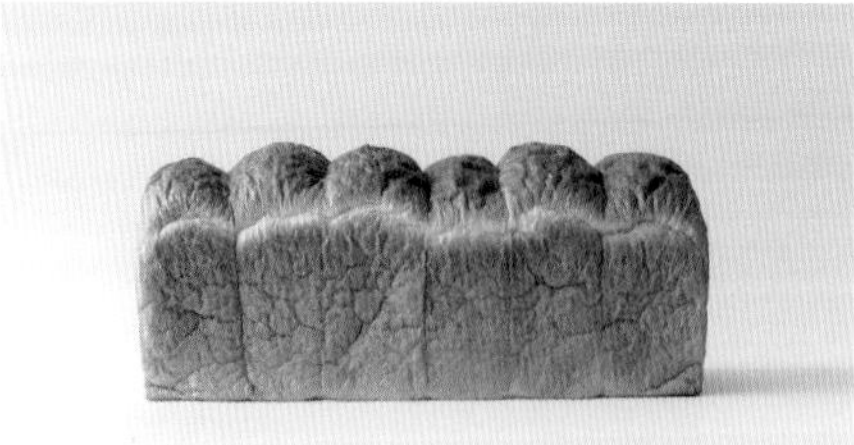

山食「寿」

パンネル／兵庫

湯種製法が一般的でない時代にいち早く導入。ほんのり甘い生地はもっちりしっとり。毎日食べても飽きがこない。生で食べるとふわっと、トーストするとオリジナルの油脂の風味とさっくり食感を楽しめる。

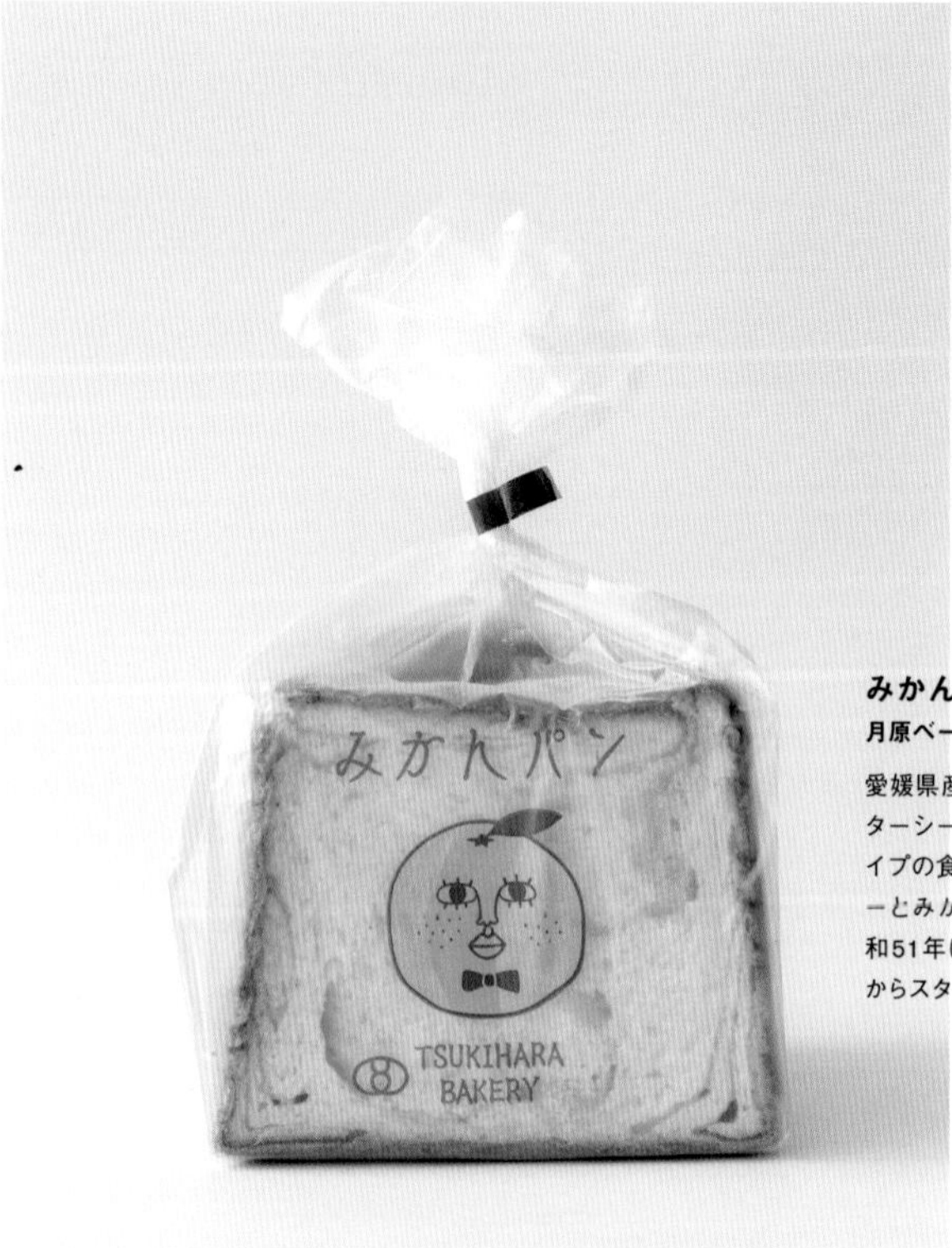

みかんパン

月原ベーカリー／愛媛

愛媛県産温州みかんペーストとバターシートを使った、デニッシュタイプの食パン。トーストするとバターとみかんの風味が一層増す。昭和51年にサンドイッチとドーナツからスタートしたベーカリーの名物。

黒糖パン

うちだパン／愛媛

戦時中にロシアに抑留されていた先代。終戦後に現地で覚えたパン作りの技術を活かして黒糖パンの販売を開始。角型食パン、山型食パン、丸型、ロールパンと、さまざまな種類が取り揃う。少し焼くとコクが際立つ。

食パン

ニコラス精養堂／東京

明治36年に青山で牛乳販売店として創業。関東大震災後に世田谷へ移転。戦後、パンの食糧配給事業に携わる。卵・牛乳未使用でほんのり甘く小麦が香る食パン。ごはんのように毎日飽きずに食べられる。

イングランド

ウチキパン／神奈川

イギリス人経営のパン屋を引き継ぎ明治21年に創業。日本人による日本人のための食パン販売発祥の店。自家製ホップ種で長時間発酵し、手焼きするイギリス食パン。もっちり食感でうまみたっぷり。

あん食

焼きたてのパン トミーズ／兵庫

1990年頃、餡入り食パンをという客の要望に応え先代が考案。最初は一人に特別販売していたが次第に口コミで評判に。生クリームを混ぜまろやかにこねた食パン生地に、粒餡を合わせ焼き上げる。

堺ちん電パン

朝日製パン／大阪

阪堺電車の現役・国内最古の「モ161形」車両をパンで再現。はちみつを加えた生地にチョコレート風味のシートを巻き込み焼き上げる。昭和22年に配給パンの製造・販売から始めたパン屋が堺市のおみやげにと考案。

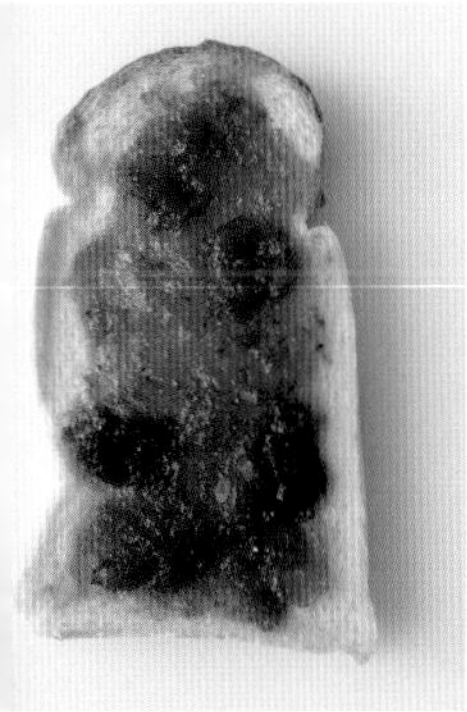

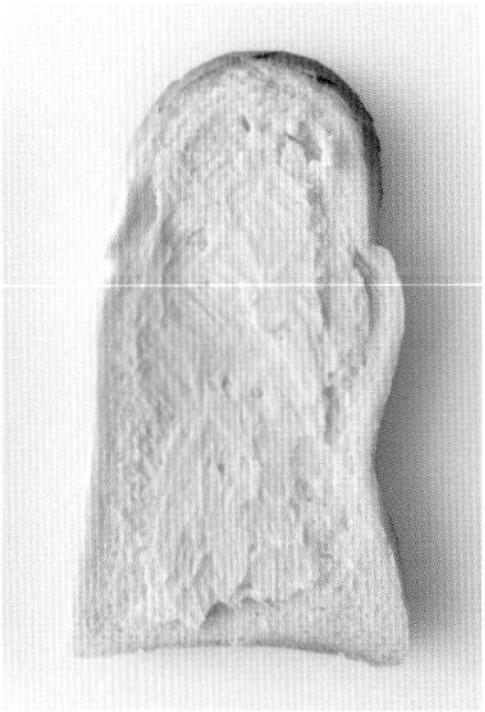

食パンサンド

オリンピックパン店／群馬

ふんわりと焼き上げた山型食パンを２枚合わせて、その間にジャムやピーナッツをはさんだ、地元で人気のサンドイッチ。創業から60年を超えるレトロな店舗は、五輪マークの看板が目印。袋のデザインも秀逸。

食パンサンド系

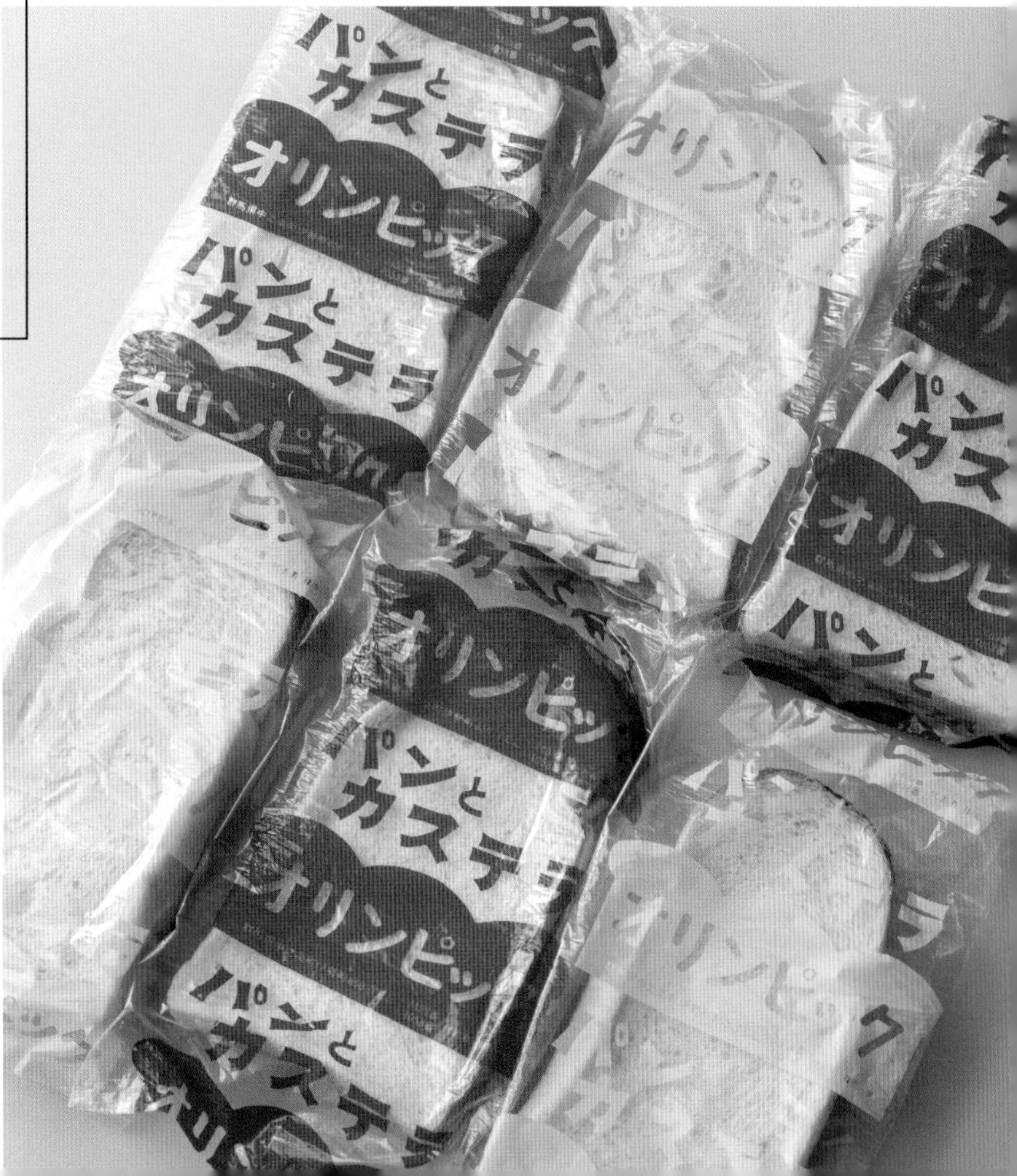

サンドイッチ
亀井堂／鳥取

鳥取で「黄色い袋のサンドイッチ」といえばの名物パン。明治創業の老舗が昭和20年頃からつくる。耳付き食パンにイチゴジャムとピーナツバターを塗ったもの。4枚分の食パンでボリュームたっぷり。

食パンピーナツ

辰野製パン工場／長野

厚くスライスした幅広の山型食パンに、口溶けのよいピーナツバターを塗っている。店の周囲には学校が多く、お腹をしっかり満たすから子どもたちにも嬉しいおやつ。他にココナツあんパンも名物。

イギリストースト

工藤パン／青森

青森の一部で知られた食習慣を参考に、山型のイギリス食パンにマーガリンを塗り、ジャリジャリ食感のグラニュー糖をかけて販売。発売当初の昭和42年頃は食パン1枚だったが、後に2枚合わせに。

マーガリンサンド

白石食品工業／岩手

昭和23年から続く製パン会社の定番パン。イギリス風の山型食パンを2枚合わせ、マーガリンをサンド。軽くトーストして食べても。パッケージに描かれているキャラクターは“シライシ坊や”。

食パン

太豊パン店／長野

飯田のホテルの朝食に並ぶパンが、ふんわりしっとり歯切れがよくて、そのまま買いに出かけた。昭和6年の創業時に日清製粉の技術者と開発し、今上天皇が飯田を訪れた際に献上したという。

アベックトースト

たけや製パン／秋田

アベックという言葉が流行った昭和30年代に発売。マーガリンとイチゴジャムを半々に塗った2枚合わせの食パンが2セット入ってボリューム大。ジャムを混ぜたりパンを折ったり食べ方もそれぞれ。

ラブラブサンド ピーナツ・チョコレート

日糧製パン／北海道

1984年の発売当時、言葉を2つ重ねることが流行していたのと、1袋に姿形が愛らしいパンが2枚入った特長から名付けられた。シリーズ化され季節や時代ごとに中の具材も入れ替わる。　※写真のパッケージは2015年当時のもの。右は2023年現在のパッケージ

コーヒートースト

佐野屋製菓製パン／石川

創業は昭和30年。さまざまな種類のサンド食パンが並ぶ。コーヒー風味の山型食パンを2枚合わせ、その間に優しい香りのコーヒークリームを塗ったコーヒートーストは、その名の通りトーストすると美味。

コーヒー風味パン

左

コーヒースナック

さわや食品／富山

コーヒー風味のイギリス食パンを2枚重ね、その間に甘いコーヒークリームを塗ったパン。トーストすれば香ばしさが加わり美味。1枚ずつ食べる人も多い。スーパー・コンビニ・学校などで販売。

右

元祖コーヒーパン

二葉屋パン店／福島

半世紀以上、変わらぬパッケージとつくり方。先代が好物のコーヒーをパンでも味わいたいと考案。コーヒーバターを生地に練り込み焼くと底面に黒く染み出し、キャラメルのような香ばしい風味に。

サンオレ

山口製菓舗／千葉

外皮は香ばしく内側はふんわりソフトに焼いたパンに、素朴で懐かしい母の味を思い出す手づくりサラダを詰めた食事パン。50年を超えるロングセラー。戦前から伝わる「木の葉パン」なる菓子も名物。

惣菜パン

上

ちくわパン

どんぐり／北海道

もっちりとした生地と、ツナサラダ入りのちくわを合わせた惣菜パンは、北海道でおなじみの味。創業間もない昭和58年に、お客様から「お弁当に入っているちくわをパンにしたら?」と言われたのが誕生のきっかけ。

右

ちくわドッグ

サンドウイッチパーラー・まつむら／東京

風情ある人形町で大正10年に創業した老舗。横切りしたちくわの溝にツナマヨネーズのソースを詰めてコッペパンの間に。噛み応えがあってお腹も満足。袋の“7”と“six”のデザインは営業時間を表す。

チーマヨ

第一パン／沖縄

芳醇な香りのチーズとチーズ風味のマヨネーズを、ふっくら焼いたパンの上にトッピングし、独特の食感に。昭和44年に誕生したパンメーカーのロングセラー。創業時は畑の中にぽつんとひとつ工場が作られた。

上

ホットドッグ 野菜・玉子・肉ミンチ

東京堂パン／福岡

コッペパンのホットドッグ。上はキュウリ入り玉子サラダ。中はキャベツのマヨネーズ和えとハム。下は肉ミンチのマヨネーズ和えをレタスとともに。昭和34年から続く見た目もレトロな惣菜パン。

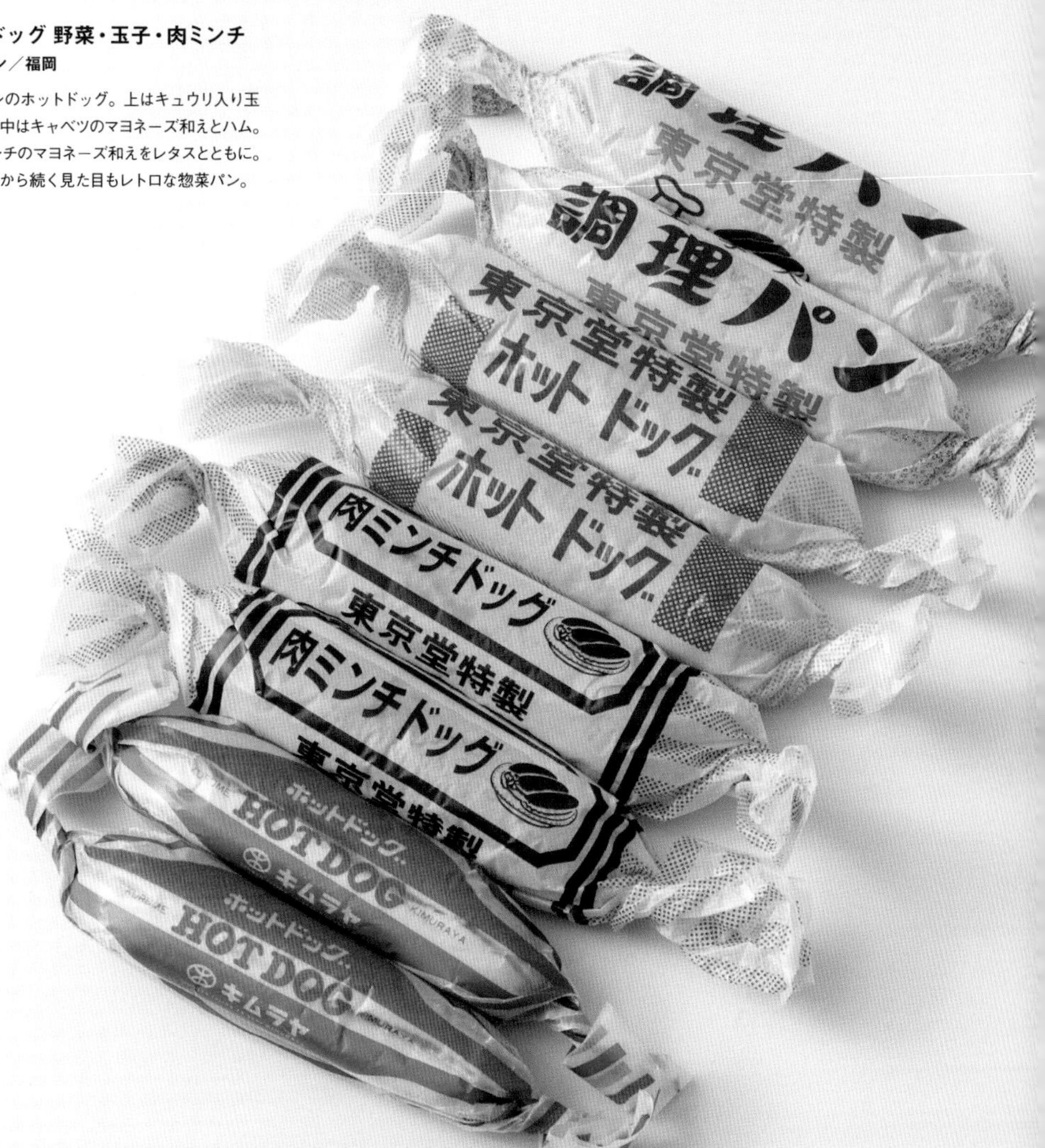

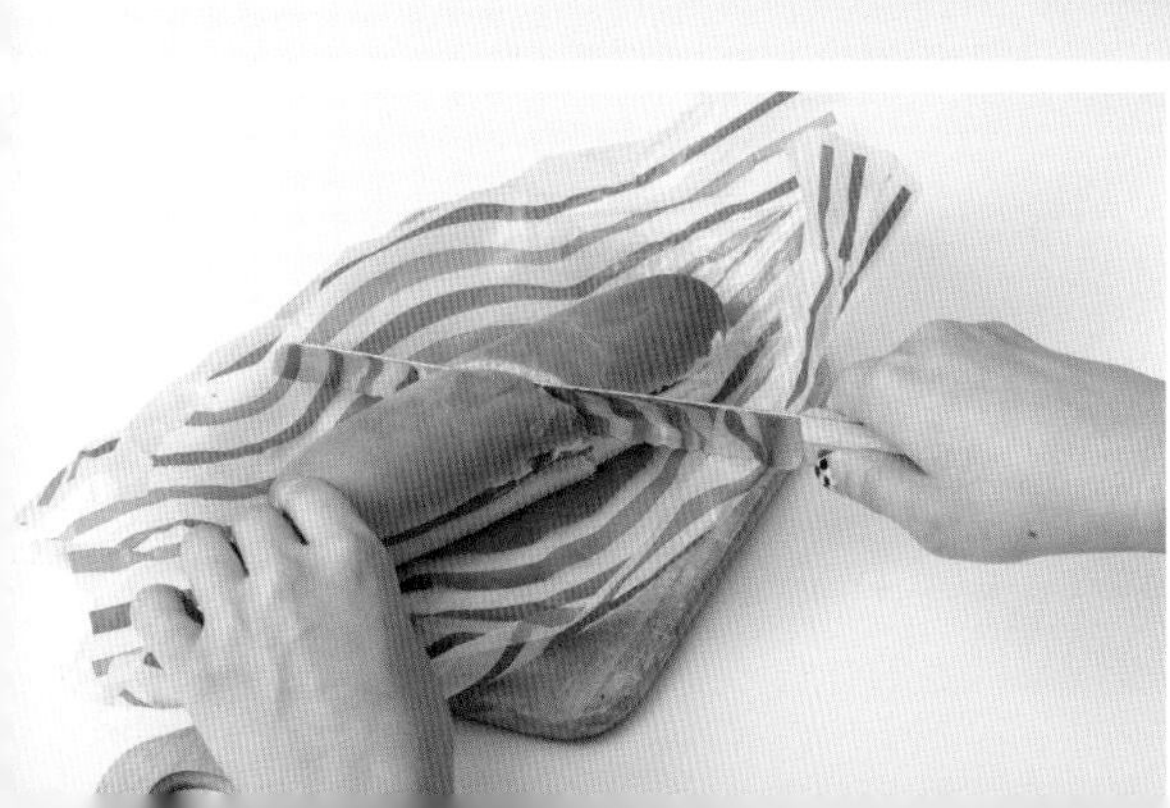

上の一番下と左

ホットドッグ

木村屋／福岡

昭和23年頃、アメリカのホットドッグを噂に聞いた創業者は「暑がりの犬」をイメージ。プレスハムを犬の舌に見立て野菜サラダとともにバンズにはさんだのがはじまり。駅売りされるほどの名物に。　※2017年閉業

サラダパン

西村パン／茨城

昭和23年より学校給食パンの卸しを主に営業。サラダパンは常時店頭にあるわけではないので要予約。甘みのあるパーカーハウスパンに、ポテトサラダをはさんでいる。創業時から続く味。

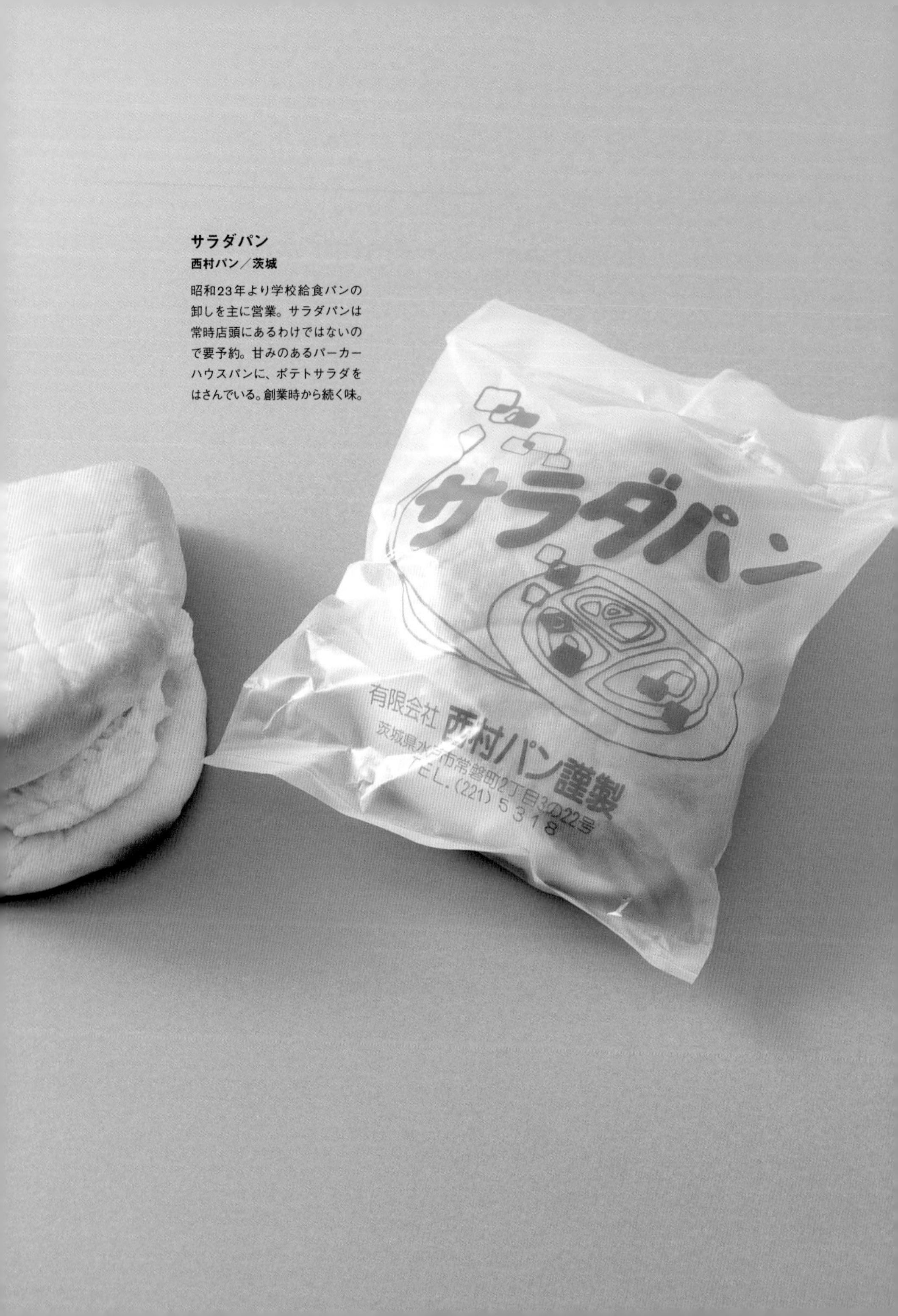

本家サラダパン

ぱんのいえ／長崎

大正6年に創業し、学割や24時間営業で知られた東洋軒閉店の際、レシピを引き継ぎ東洋軒跡地にオープン。ロールパンにポテトサラダとプレスハムをはさんだ調理パンは、長崎っ子の青春の味。

カレーパン

ビーフカレーパン（丸十100周年記念）

丸十山梨製パン／山梨

丸十の祖・田辺玄平氏は米国から帰国後、大正2（1913）年に上野でパン屋を創業。「丸十山梨製パン」はそこから職人を派遣してもらい大正10年に開業した。100周年にあたる平成25年に、丸十の組合で田辺氏を偲んでつくったビーフカレーに、牛肉を入れ焼き上げた。

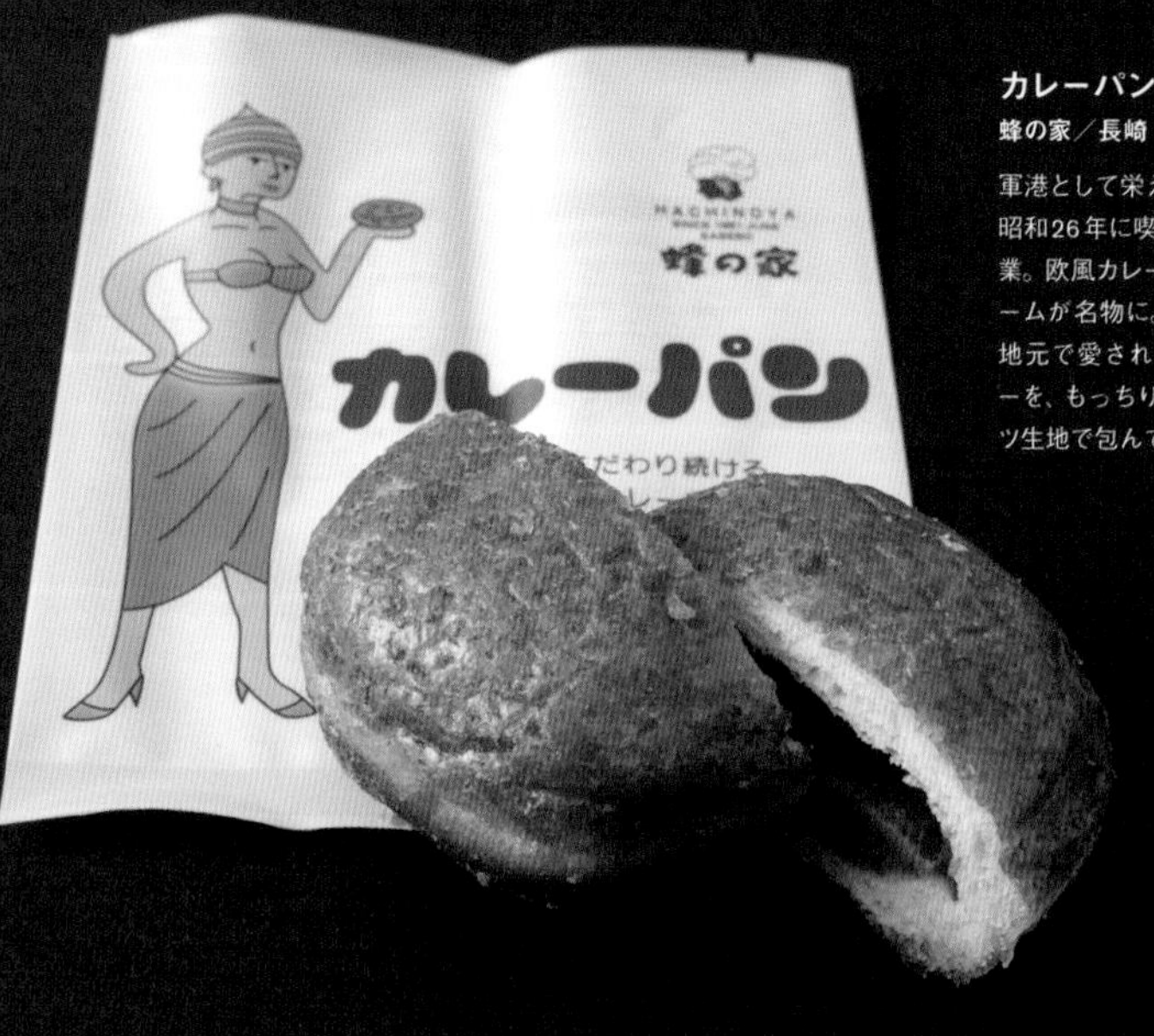

カレーパン

蜂の家／長崎

軍港として栄えた佐世保で、昭和26年に喫茶店として創業。欧風カレーとシュークリームが名物に。半世紀以上地元で愛されるビーフカレーを、もっちりとしたドーナツ生地で包んで揚げている。

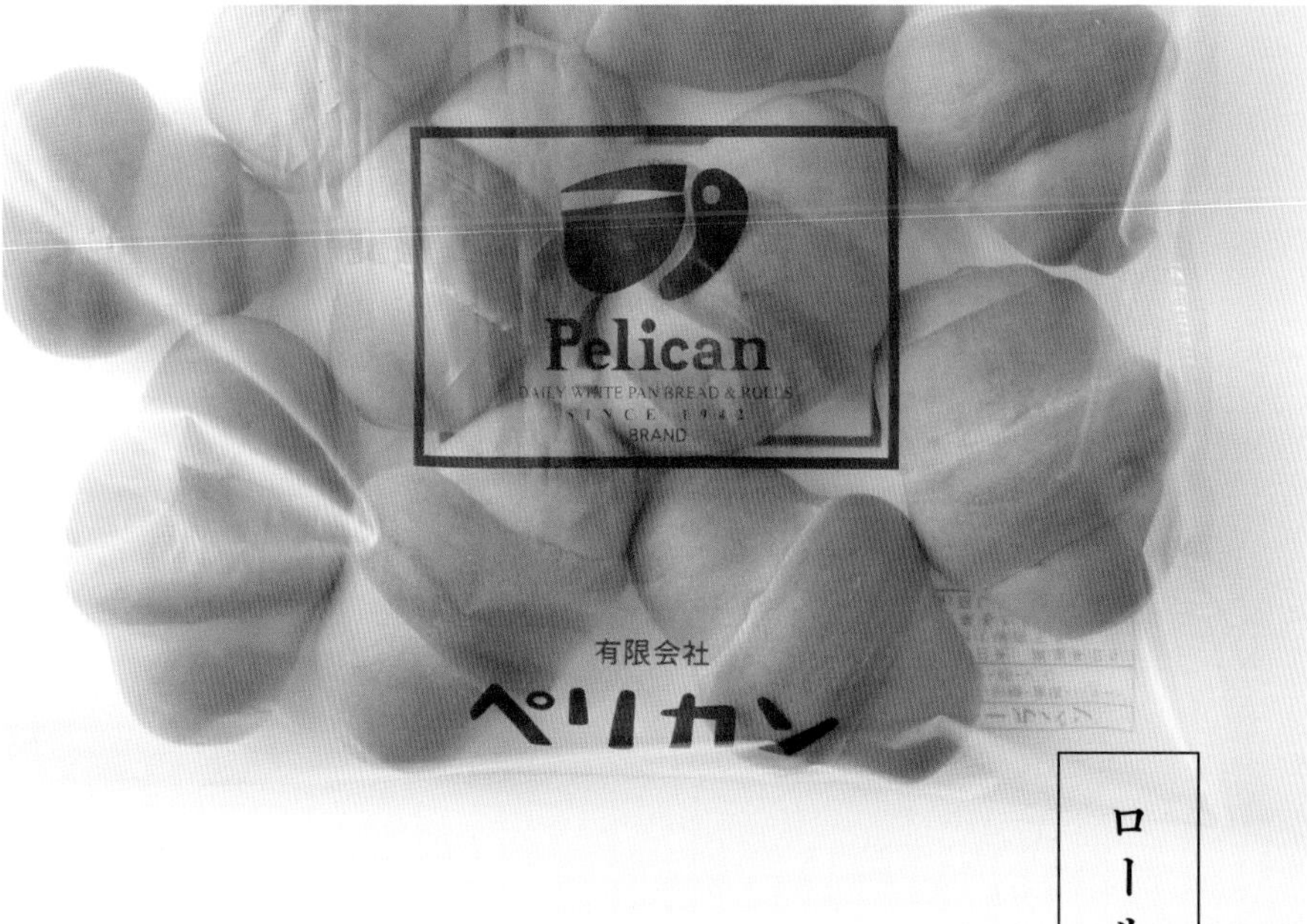

ロールパン

上

ロールパン（小）

ペリカン／東京

昭和17年の創業当時は菓子パンなども扱っていたが、その後、食パンとロールパンのみに絞った販売に。こんがり焼いたりあれこれはさんだり。東京暮らしで、ペリカンのパンがある朝は幸せ。

右

玉子パン

アジア製パン所／群馬

戦前から大阪で製パン業を営んでいた創業者。戦火を逃れ故郷の前橋で戦後すぐにパン屋をはじめた。物資に乏しかった時代。小麦粉、玉子、砂糖だけでおいしいパンをと完成。地元の食生活を支えた。

たまごパン

フランスパン系

レトロバゲット“1924”

進々堂／京都

日本人パン職人で初めてフランス留学した続木斉が、大正2年に創業したパン店の顔。フランス産小麦を使ったバゲット。表面はパリッと、中はしっとり柔らかく、ほのかに塩気が。“1924”は続木がフランス留学した年。

右

天然酵母ジャパン

パンネル／兵庫

サイズは長さ20センチほどと、小ぶりのハード系パン。天然酵母でじっくりと発酵させて焼き上げ、フランスパンに近い味わいに。中はもっちりとした食感。焼いて食べると独特の甘みが際立って感じられる。

下

カルネ

志津屋／京都

カルネはフランス語で地下鉄回数券の意味。その名の通りリピーターが多く最人気。丸く柔らかなフランスパンにハムとオニオンスライスをはさむ。1975年頃、日本人向けのカイザーロールを開発。

コッペパン系

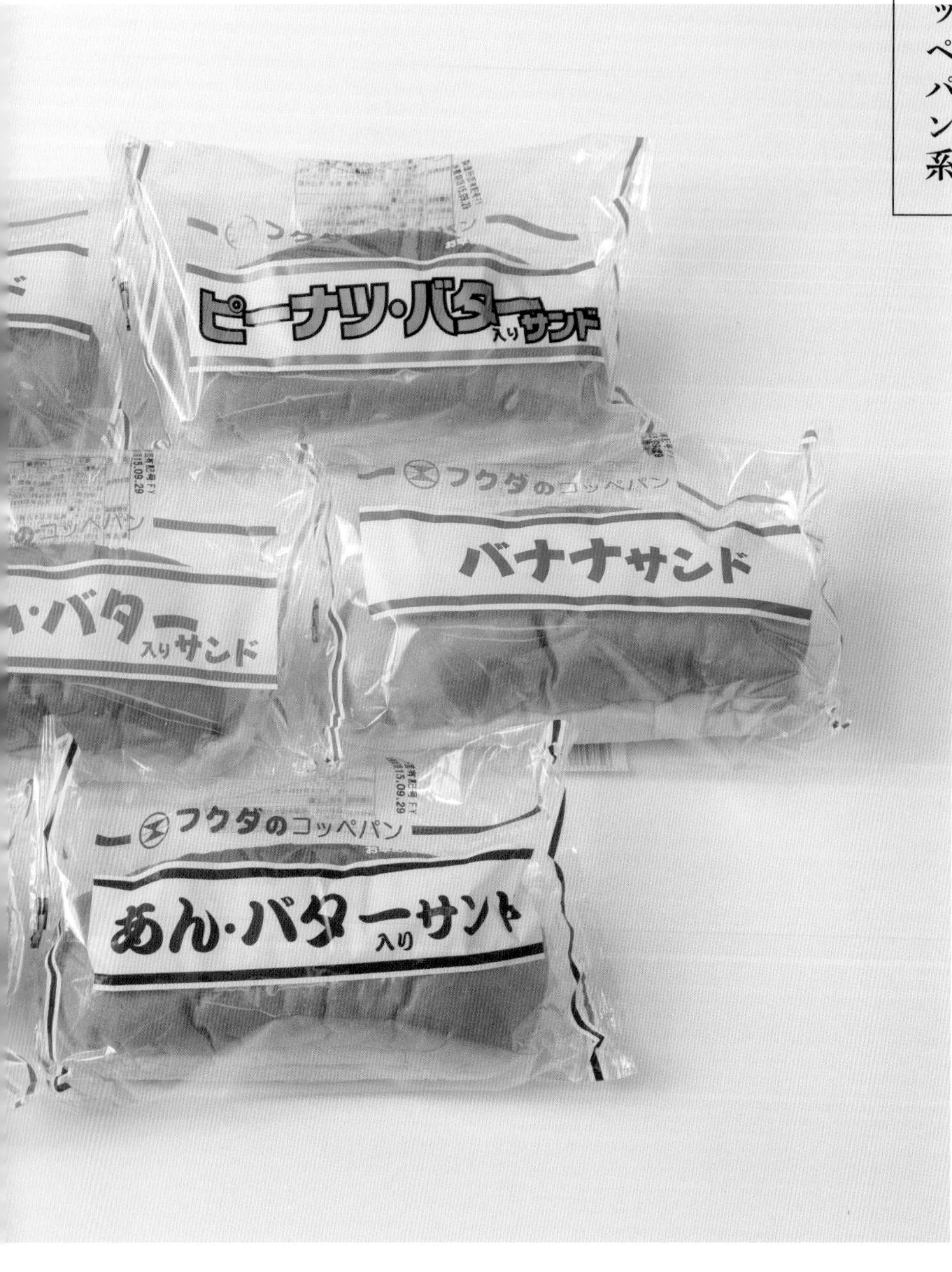

あんバターサンド
ピーナツバターサンド
バナナサンド
ジャムバターサンド

福田パン盛岡本店／岩手

宮沢賢治の教え子だった初代が昭和23年に創業。学校風の本店では、ぷっくり膨れたコッペパンに好きな具材をはさんでもらえる。こちらはスーパーなどで販売される袋入りで、約20種近くある。

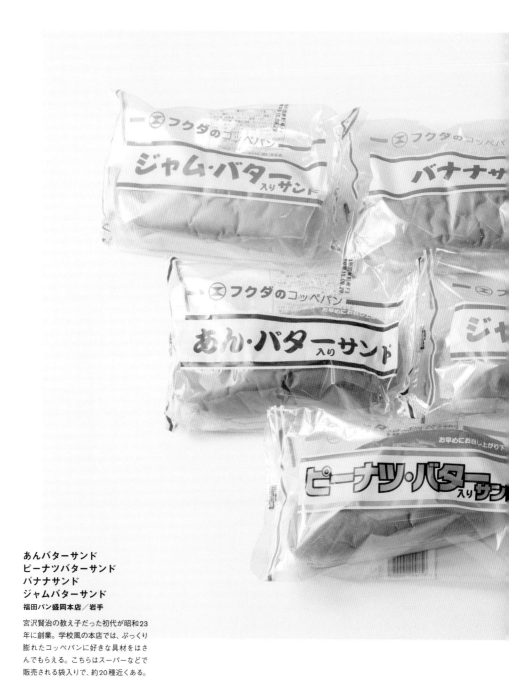

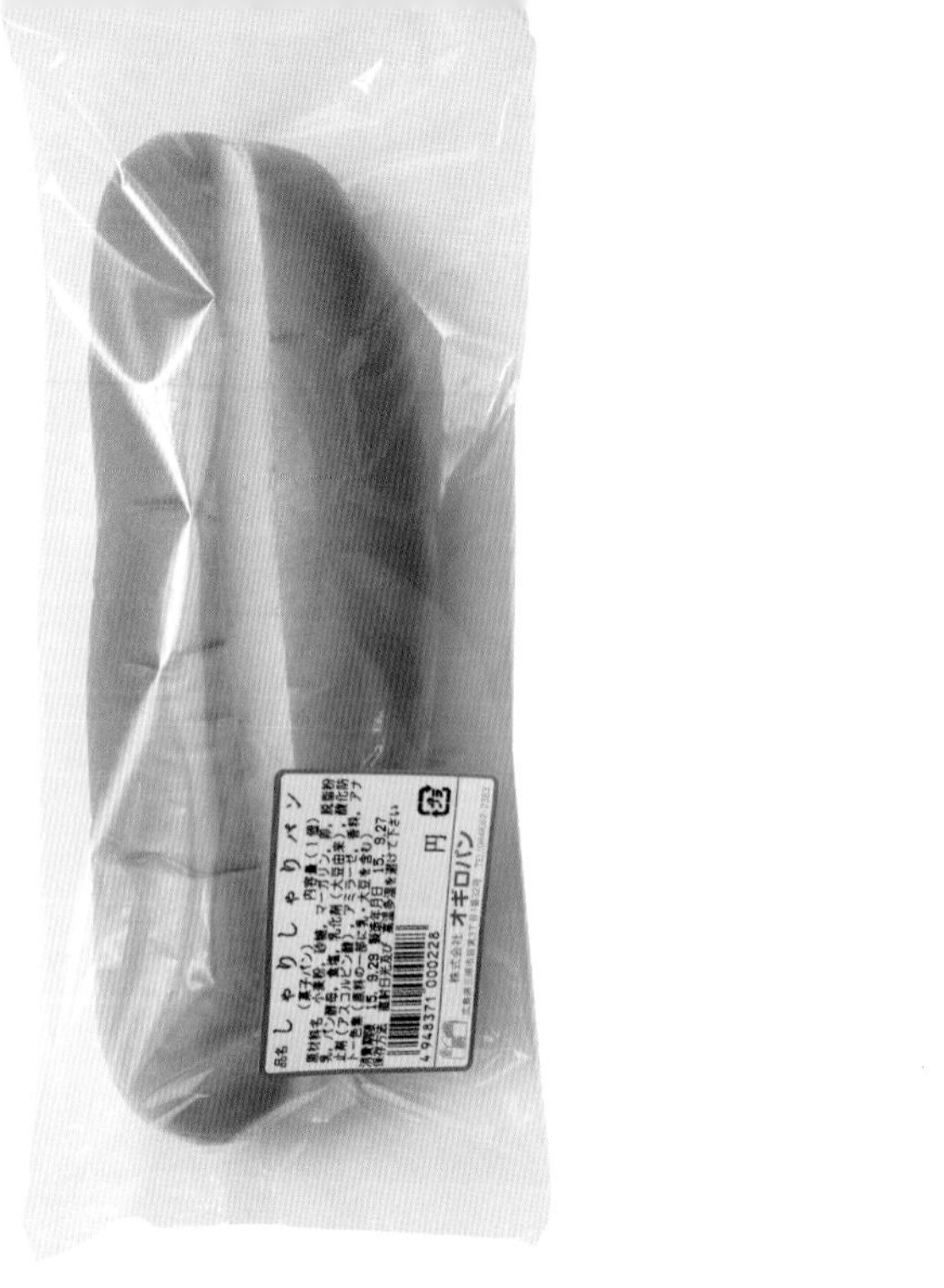

左

ジャリパン

ミカエル堂／宮崎

カトリック信者の創業者が教会で外国人神父にパンづくりを習い昭和元年に創業。コッペパンにバタークリームと砂糖を混ぜてはさんだところ子どもたちがジャリパンと呼びはじめその名が定着。

右下

昔ながらの給食コッペパン

新田製パン／群馬

大正6年創業。戦後から学校給食のパンをつくり子どもたちの成長を支えた。コッペパンは学校給食と同じように添加物を一切使わず焼き上げる。売り場併設の工場は煙突がそびえ店構えまで味がある。

右上

しゃりしゃりパン

オギロパン／広島

地元では味付けパンと呼ばれるコッペパンに、砂糖のシャリシャリとした食べ口を活かした秘伝のクリームをはさむ。大正7年創業のパン屋で、昭和30年代からの一番人気。店頭にはフルーツ風味も。

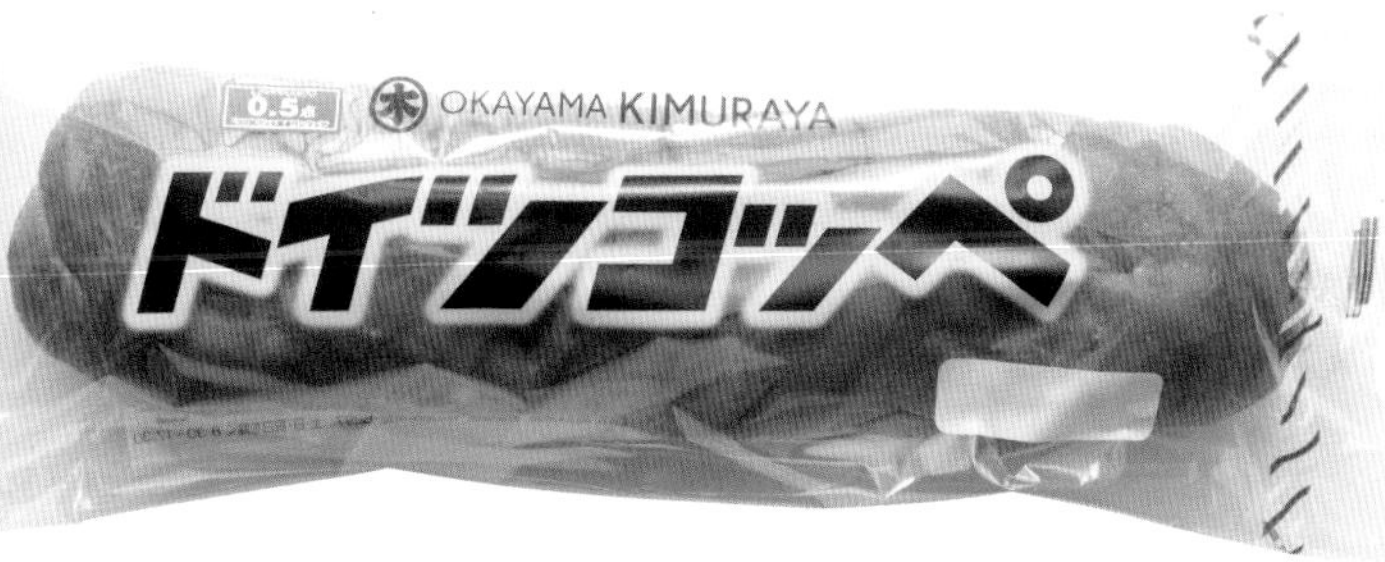

下

フレッシュロール

名方製パン／和歌山

アメリカ帰りの初代が創業した明治36年から100年以上つくり続けるコッペパンは、ほんのり甘くソフトな歯触り。マーガリンをぬったフレッシュロールの他、チョコレートやピーナッツクリームも。

中

ダイヤミルク

アメリカパン／佐賀

コッペパンの間にはさんでいるのは、きらきら輝く砂糖をまぶしたミルククリーム。昭和26年の創業時、他にはないパンをと生まれた。砂糖をダイヤに見立てた名は甘いものが貴重だった時代を物語る。

上

ドイツコッペ

岡山木村屋／岡山

柔らかく、どっしり大きなコッペパン。特製オレンジクリームをサンドした「オレンジドイツコッペ」もある。銀座木村屋で修行を積んだ初代が大正8年に創業したパン店は、岡山市を中心に50店舗以上の支店が。

チョコバターサンド

武藤製パン／秋田

しっとりコッペパンの間にチョコチップをちりばめたバタークリームがたっぷり。50年以上前から愛され、パッケージデザインも秀逸。あんやカスタードクリーム入り「油パン」も同じくロングセラー。　※閉業。現在は「たけや製パン」が継承して販売。

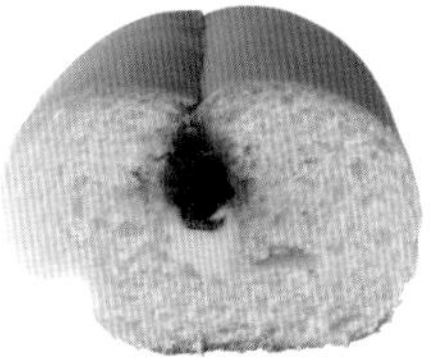

サンドロール
小倉＆ネオマーガリン

敷島製パン／愛知

口どけのいい柔らかなパン生地に、小倉あんとマーガリンをサンド。工場の製造担当者が焼きたてのあんパンにマーガリンを塗って食べていると開発担当者が聞きつけ製品化。中部地区と関西地区で販売。

サンドロール
ダブルメロン

敷島製パン／愛知

口どけとのいい柔らかなパン生地に、懐かしさを感じるメロン果肉入りの風味豊かなメロンクリームをダブルでサンド。幅広い年齢層から愛されるロングセラーで、中部地区と関西地区で販売。

よつわりパン

原町製パン／福島

学校給食パンで知られるパン屋。55年前の発売時にフラワーパンと名付けたが、客が「よつわりパン」と呼ぶように。あんパンやクリームパンが主流な中、新たな品をと、あんと生クリームを合わせた。

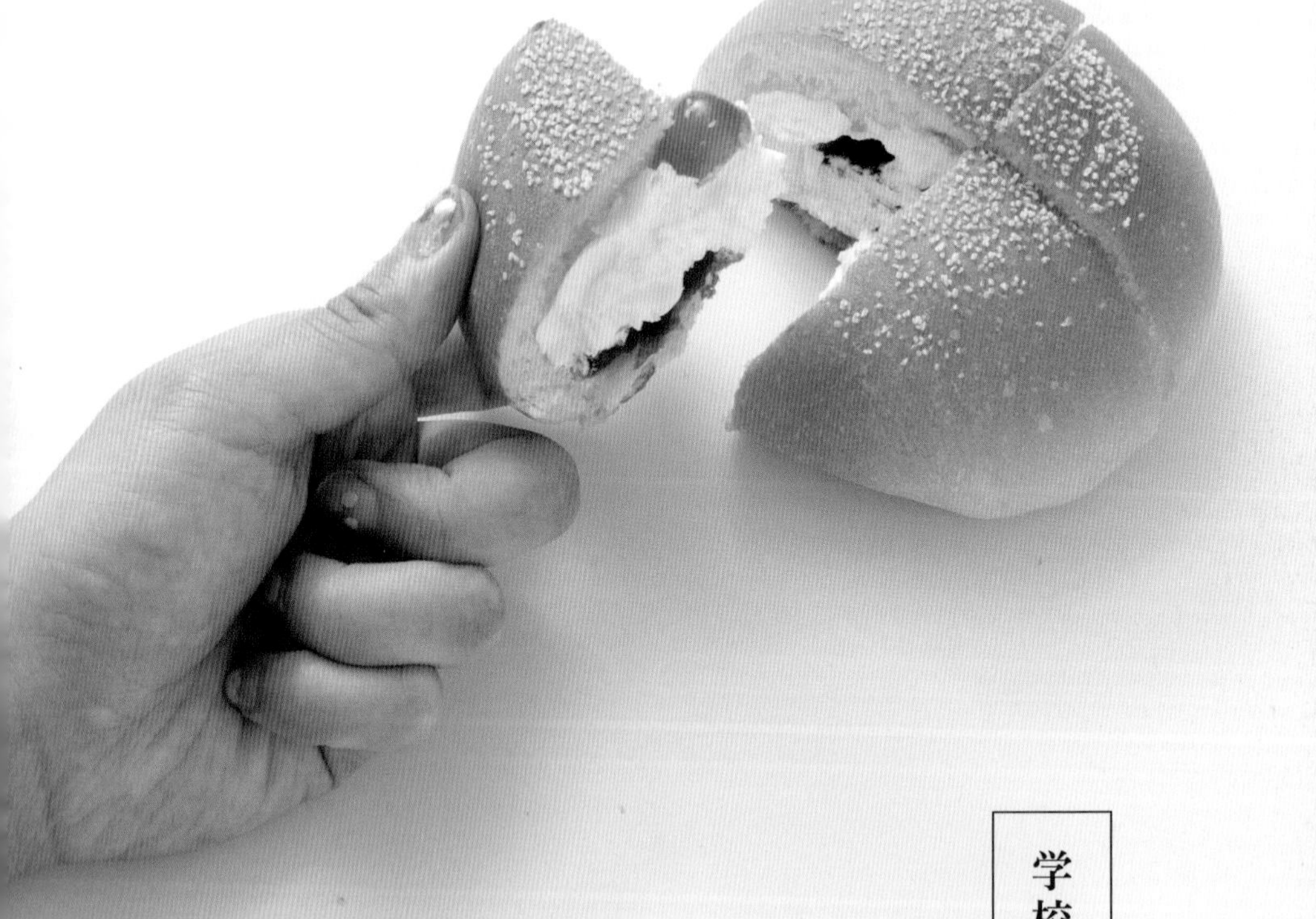

学校系パン

きな粉パン

欧風パン ナカガワ／佐賀

福岡から佐賀に移り40余年。地元では学校パンの店と親しまれるパン屋で、昔ながらの学校給食をヒントにつくりはじめた。ぷっくり揚げたコッペパンに、砂糖を混ぜたきな粉をたっぷりふりかける。

三角チーズパン
あんことチーズの三角パン
つるさき食品／大分

昭和62年より高校の売店で販売。「サンチー」の愛称で親しまれる。甘いクッキー生地に包まれた食パンに、チーズクリームをサンド。食べ盛りの高校生でもお腹がいっぱいになるようにと開発された。

給食あげパン

かもめパン本店／神奈川

大正13年に煎餅屋として創業。戦時中にパン作りを始め、戦後から横浜市の小学校の給食パンを製造。油で揚げたコッペパンに砂糖をまぶしたあげパンは、学校給食で初めて揚げパンが出されたときから続く味。

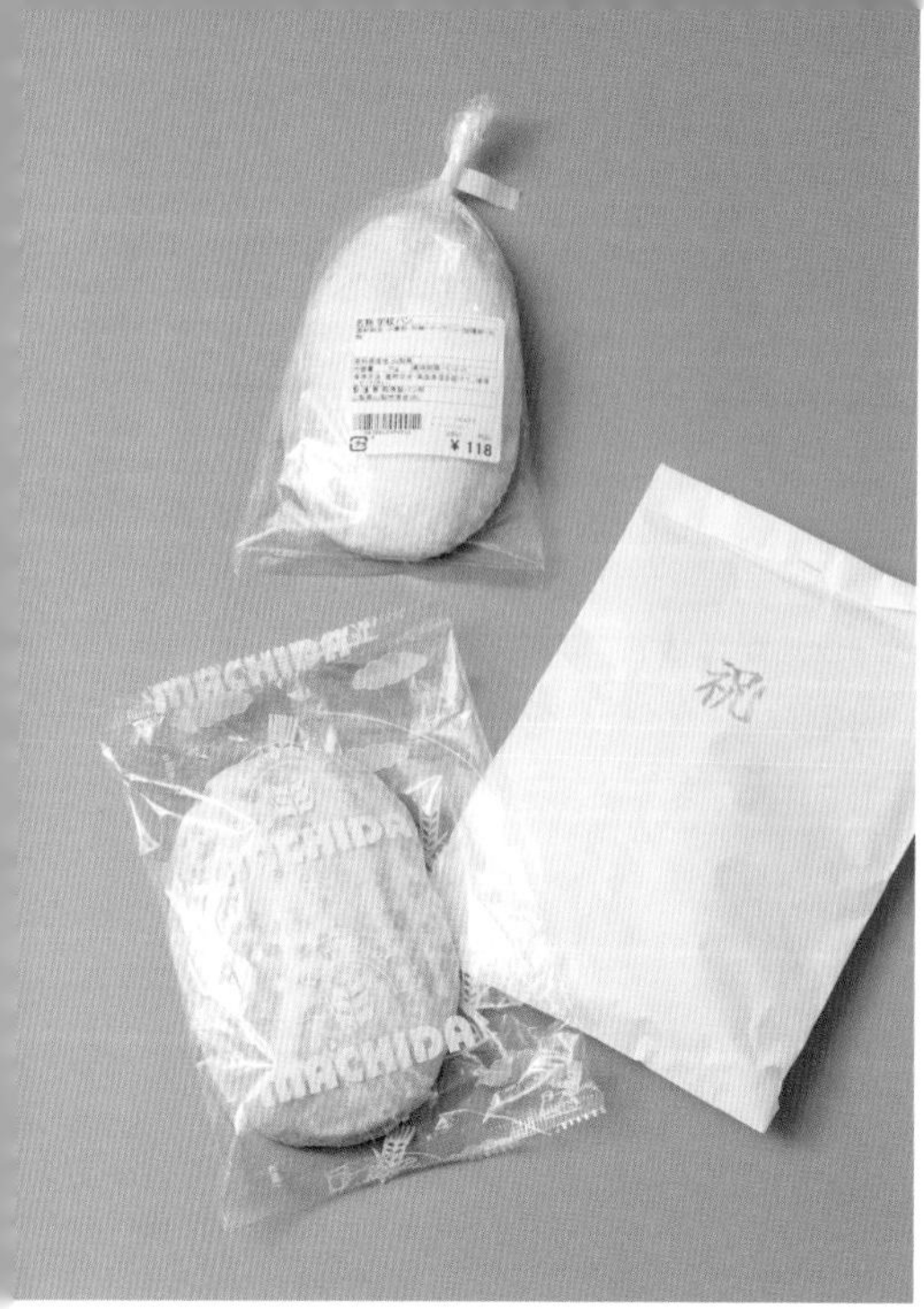

左上

学校パン

萩原製パン所／山梨

地元の小麦を使った生地に昔は貴重だった砂糖をかけ、学校の入学式や卒業式で配り人生の門出を祝った。山梨市の学校給食をつくる製パン所の素朴な味。学校でもらえる甘いもの、殊に嬉しかったなあ。

左下

祝パン

町田製パン／山梨

かつて小麦の産地だった山梨市・甲州市で古くから親しまれ、学校パンやかたパンとも呼ばれる。学校、祭り、結婚式、正月、成人式、お祝いごとで配られる。甲州市では学校給食でおなじみのパン屋。

下

学生調理

たけや製パン／秋田

コッペパンに、ナポリタン、キャベツサラダ、魚肉ソーセージフライのソースがけをはさんだ惣菜パン。昭和61年に学校の売店にサンプルで出したところ大人気に。学生調理と名付け販売をはじめた。

ネギパン

高岡製パン工場／熊本

創業者は学校給食工場で修業。20数年前、男子校の生徒からネギ嫌いの友人にネギ入りと分からぬパンをと依頼され誕生。柔らかな食感の生地に、葉ねぎやかつお節、ソースを合わせお好み焼き風に。

変わった名前のパン

ぶどうの夢

かもめパン本店／神奈川

ブリオッシュ生地を、8房のぶどうの形に。それぞれに、粒あん、白あん、カスタードクリーム、チョコクリーム、マロンクリーム、いちごジャム、りんごジャム、かぼちゃあんが入っている。中身は食べたときのお楽しみ。

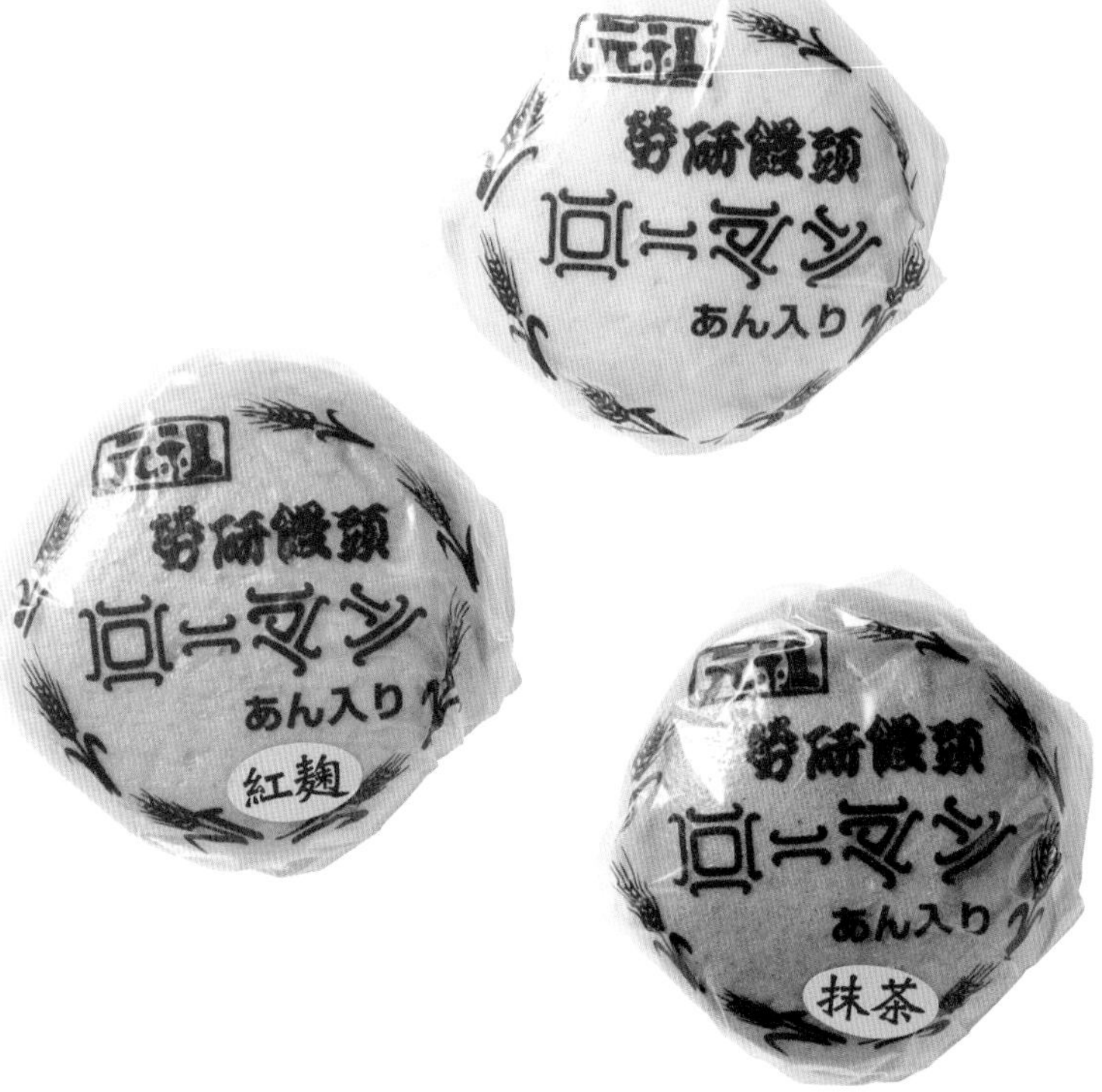

上

倉敷ローマン プレーン・紅麹・抹茶

ニブベーカリー／岡山

ローマンとは労研饅頭の略。戦前、倉敷紡績工場内に開設した倉敷労働科学研究所で女性労働者の栄養食として誕生。小麦粉・砂糖・酒種など熟成発酵した生地を蒸し、甘酒のような滋味が口に広がる。　※現在は閉業

左

ひねくれ棒

オイシス／兵庫

昭和40年代に「アローム」というブランドから発売されたパンを継承。こどもから大人まで楽しめるパンをと、当時は珍しかったデニッシュ生地とビスケット生地を組み合わせ、食べ飽きない味と食感に仕上げた。

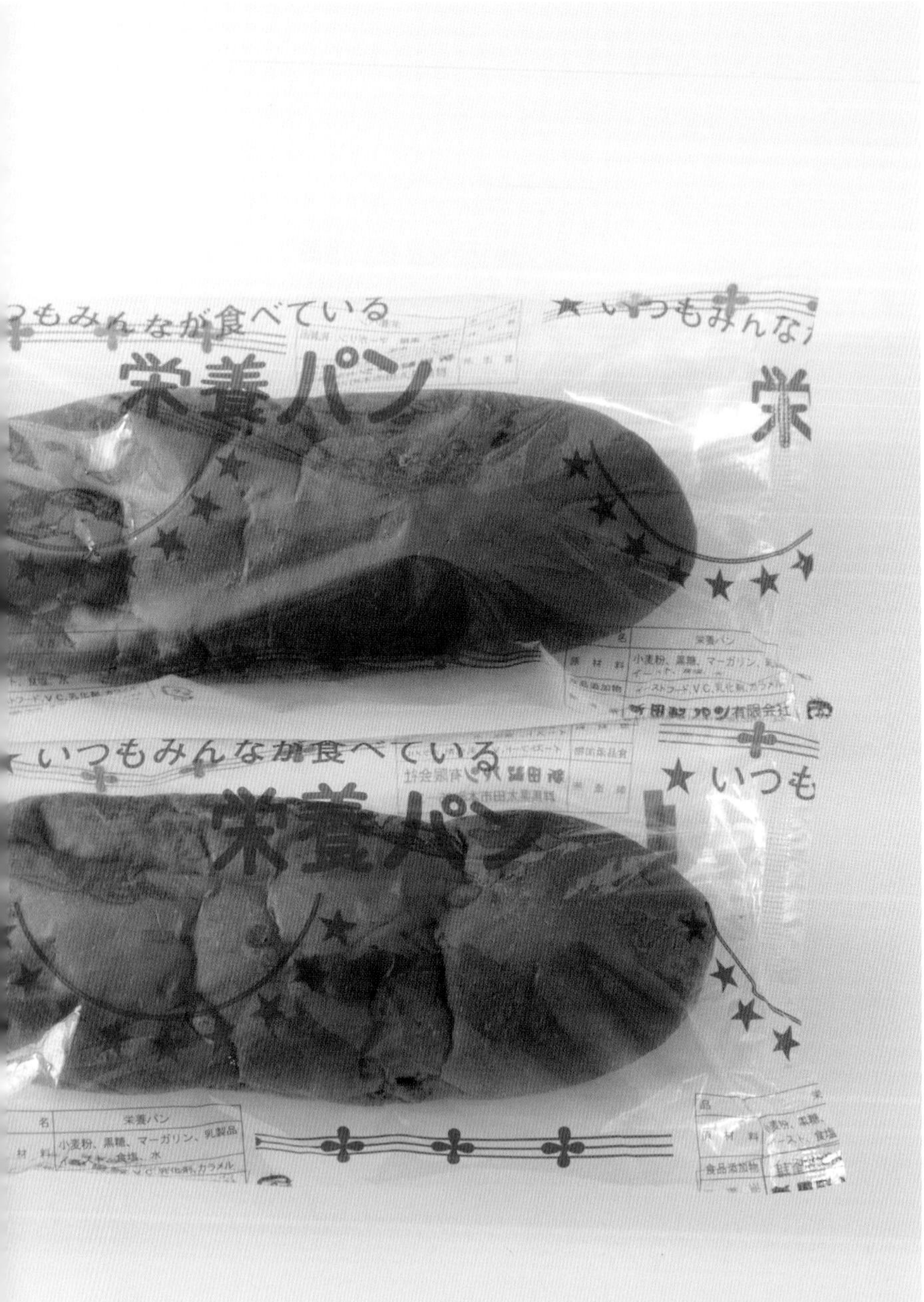

栄養パン

新田製パン／群馬

大正6年の創業時から変わらぬ味。生地に黒蜜、レーズン、甘納豆を練り込み、コッペパン型に焼き上げる。まだ食が豊かでなかった時代、少しでも栄養がとれるようにと創業者が思いを込めた。

記念パン・恋人パン

広進堂／宮城

明治18年に砂糖屋として創業。上は昭和天皇の誕生を記念に。生地に練り込んでいるのは大納言。下は片側にカスタード、もう片側にチョコクリームをつめたコロネ。恋人のようだと常連客が命名。　※「記念パン」は現在休売中

伝承ハトシサンド

長崎杉蒲／長崎

広東語でハーはエビ、トーシーはトーストの意味。エビのすり身をパンで挟んで揚げたハトシは、明治時代から伝わる長崎の伝統料理。蒲鉾店が作るカツサンド風のハトシサンドは、サクサクの衣で、エビたっぷり。

左下

元祖温泉パン

温泉パン／栃木

昭和30年頃、学校給食用のパンのあまり生地で3時休みに職人が焼いたのが原型。喜連川に温泉が湧出したのを記念に名付けられた。フランスパンより柔らかく噛むほど甘さを感じる。

右下

かもめパン

パン工房 蓮三／長崎

有明フェリーの乗務員が乗客も喜ぶだろうとかもめの餌付けをはじめて生まれた、かもめ専用の天然酵母おやつパン。とはいえ人も食べられる。かもめの飛来時期にフェリーの売店で販売。

左上

シンコム3号

イケダパン／鹿児島

ブッセに近いふわっと丸い生地の間に、バタークリームを。東京オリンピック中継のため打ち上げられることになった世界初の静止衛星を記念して昭和36年に発売した菓子パンの復刻版。

右上

たけの子パン

ヤマトパン／愛知

円すい状のデニッシュ生地にホイップクリームをつめた姿が、掘りたてのたけのこに見えるためその名に。夏は製造中止のため地元では幻のパンとささやかれる。※現在パッケージは変更

すずらんあんパン

丸六田中製パン所／長野

昭和22年の創業時、駒ヶ根の山に咲く花をイメージして、すずらんの絵の袋に、5個のあんパンをセット。しっとりとした生地の中に自家製の粒あんを。その後、昭和49年にすずらんが市の花として制定された。

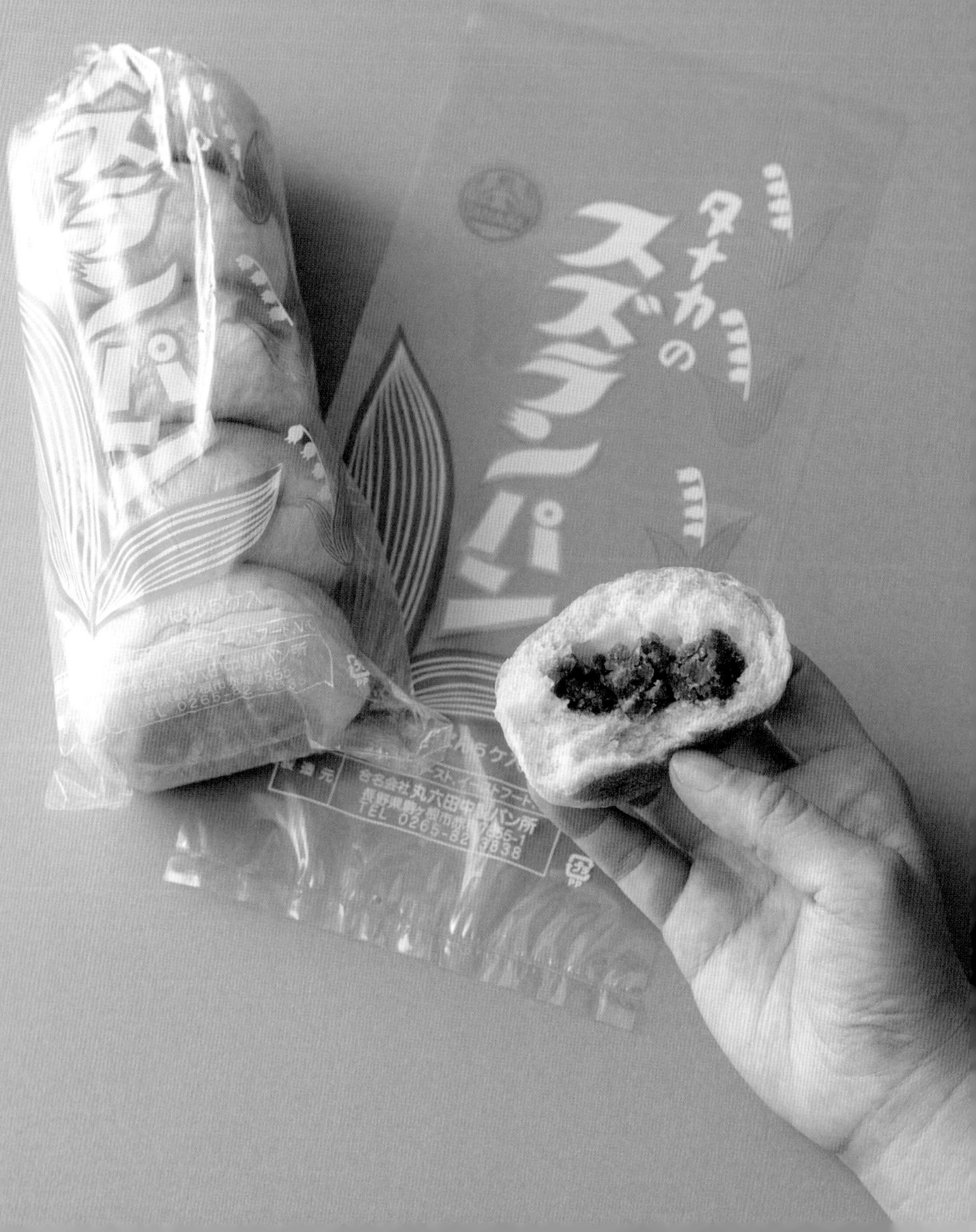

変わった形のパン

水虫パン プレーン・ジャム
オカザキドーナツ／福島

20年ほど前、コッペパン風味の足形のパンにカリカリのそぼろをふりかけ、水虫だと見せると子どもが吹き出し大笑い。遊び心が評判に。大サイズやクリーム入り、水虫ドーナツなどシリーズがある。

パンの缶詰 メイプル味

石窯パン工房 きらむぎ／栃木

焼きたてのようにふかふかのパンが缶詰に。阪神淡路大震災で大量のパンを送ったが半分以上痛んでしまったのをきっかけにおいしく日持ちするパンを開発。海外の貧困地区にも届き世界の地元パンに。 ※右写真は2015年当時のもの。上は2023年現在のパッケージ

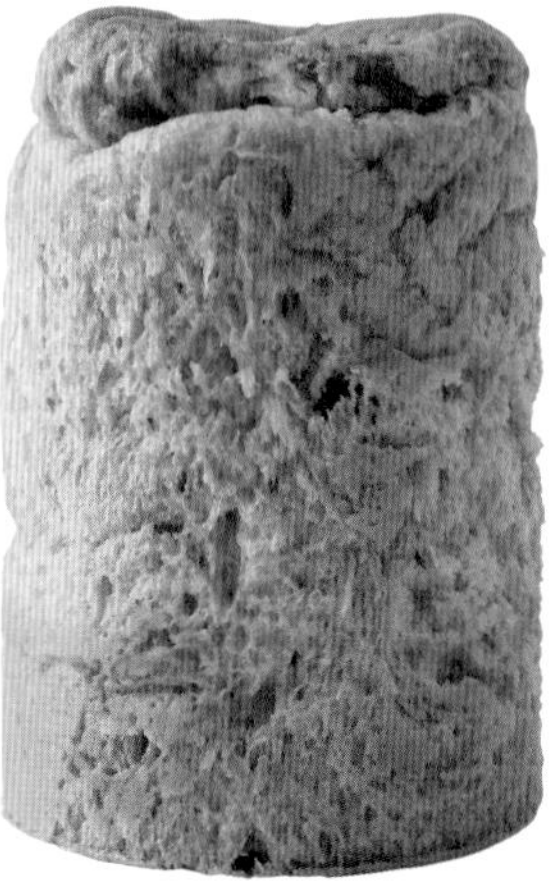

うずまきパン

小古井菓子店／長野

うずまき部分はカスタードクリーム。そのままでも美味しいがレンジで温めると中のマーガリンが溶けて甘塩っぱさが増しよりしっとりとした口当たりに。昭和7年に菓子店をはじめた初代からの味。

連結ロール

横澤パン店／岩手

宮沢賢治も愛した店で、昭和2年の創業時から受け継がれる味。手ごねにこだわり、バナナ型に形成したバターロール生地を、横に10個つないでいる。ソフトな口当たりで、食事の際には他の料理にすんなり馴染む。

楽しいセットパン

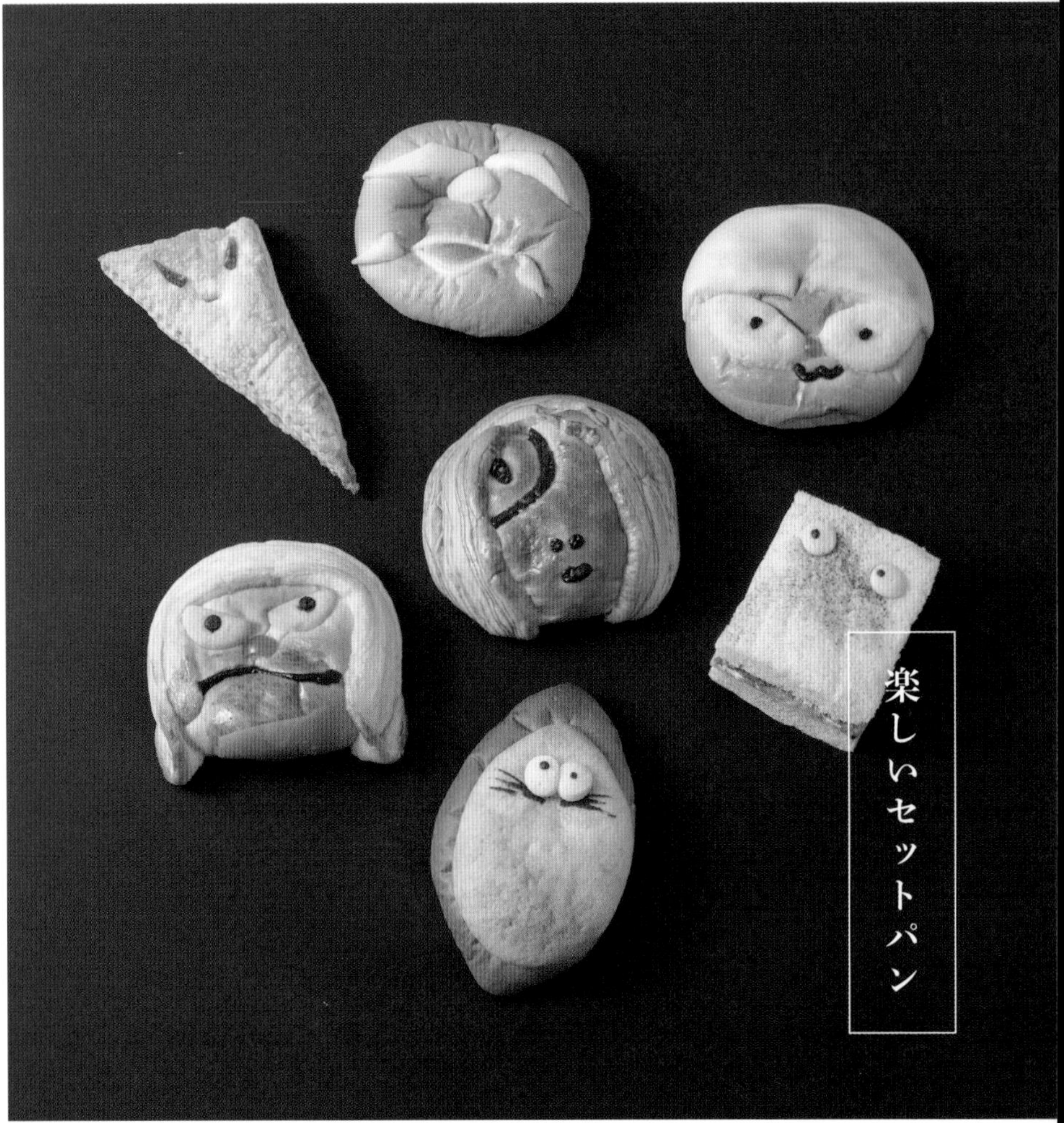

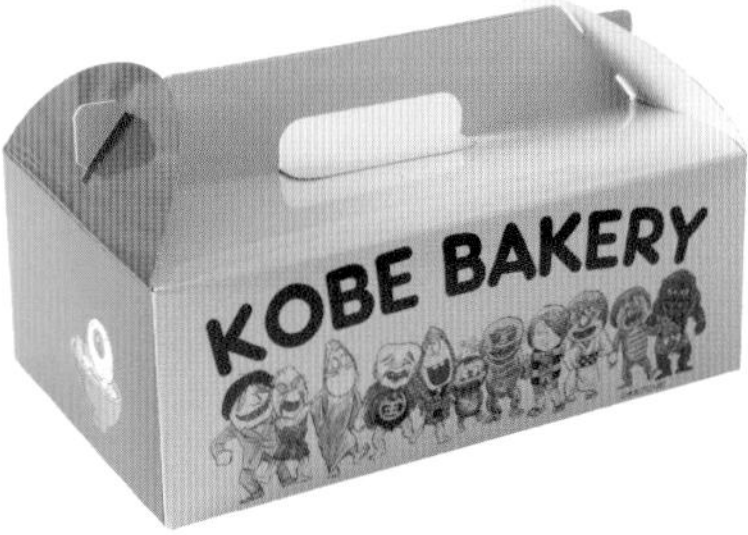

鬼太郎パンファミリー

神戸ベーカリー 水木ロード店／鳥取

水木しげるの故郷・境港市の水木しげるロードに所在するパン屋には、7種類の鬼太郎パンが。鬼太郎はクリームパン、砂かけ婆はあんパン、ねこ娘はジャムパンと個性もそれぞれ。あらかじめセットになった箱入りもあり。

バラエティミニパンセット

**（メロンクリーム、そぼろパン、
チョコチップロール、あんパン、クリームパン、
メロンパン、ジャムパン、チョコクリームサンド）**

吉永製パン所／熊本

船大工をしていた初代。福岡で炭鉱夫のためにパンを作る姉夫婦に感銘を受けて修行をし、地元の漁師に向けて昭和24年にパン屋を創業。近所の保育園の園児のおやつに作り始めたミニサイズのパンのセット。

ピーナッツパン

ピーナッツパン

大栄軒製パン所／三重

コッペパンにピーナッツクリームを挟んだ、昔ながらの素朴な味わい。昭和12年の創業時には周囲にパン屋がなかったことから、いつも地元の人たちで賑わっていた。築80年を超える店舗は、ジャズが流れる。

上と左

ピーナツバター・ピーナッツサンド

コガネパン／岐阜

戦後間もなく創業したパン会社の一番人気は、黒糖を練り込んだパンにピーナツクリームを挟んだピーナツサンド。二番人気は、関西で桶と呼ばれるカップ形のパンに、自家製ピーナツバターを詰め込んだパン。

下

ニコニコピーナツ

ピーターパン／千葉

歯切れのよいピーナツ型のソフトフランス生地の間に、つぶつぶ食感のピーナツクリームをたっぷりと。仕上げに八街のピーナツをトッピング。昭和53年創業のパン屋で、千葉の魅力を伝えたいと考案された。

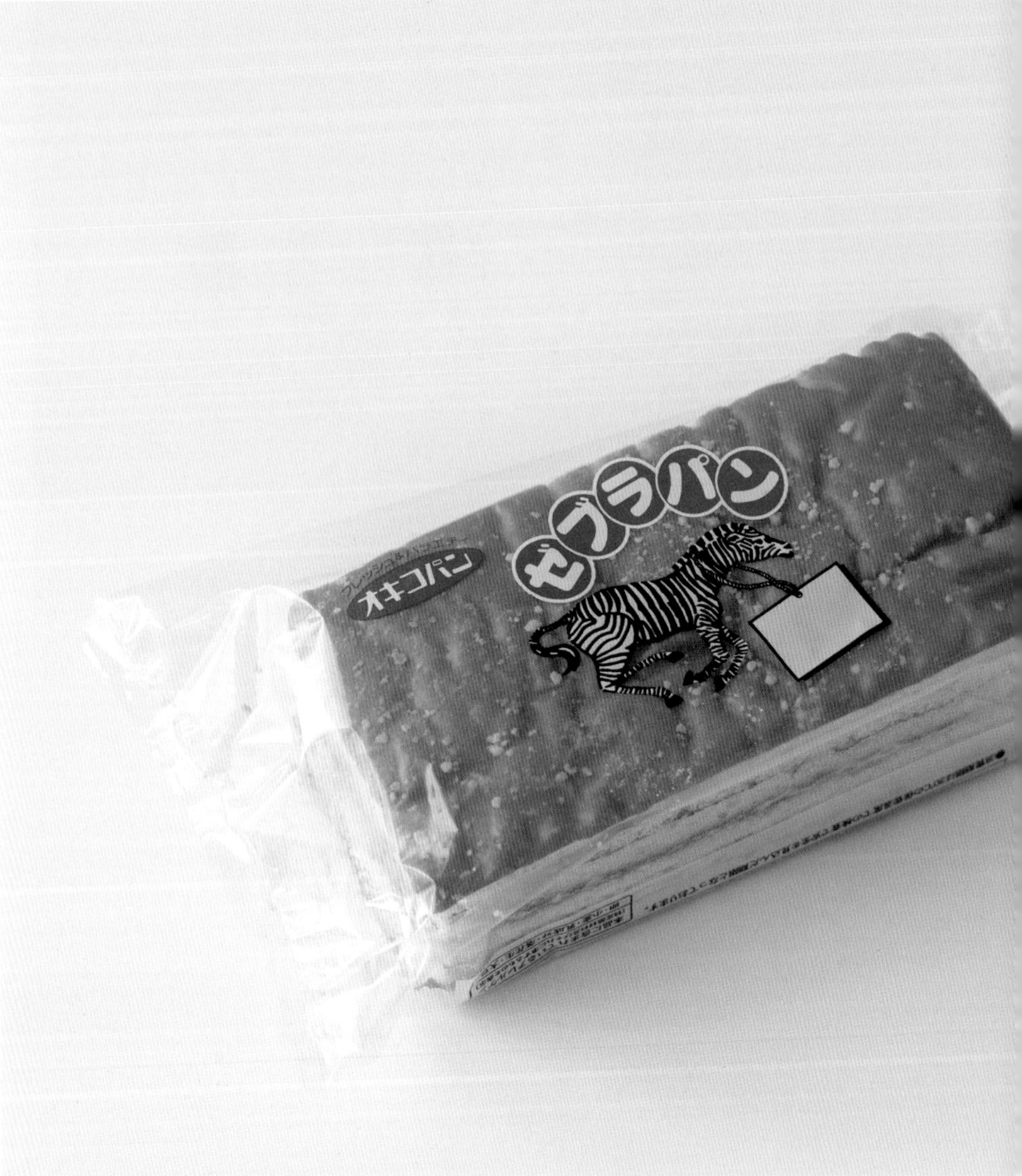

ゼブラパン

オキコパン／沖縄

当初は瓦の製造販売をおこない、昭和28年に食品メーカーへ転業したという会社の顔。黒糖シートと粒入りピーナツクリームを合わせ、断面がシマ模様に見えたことからゼブラと命名し、昭和55年頃から販売。

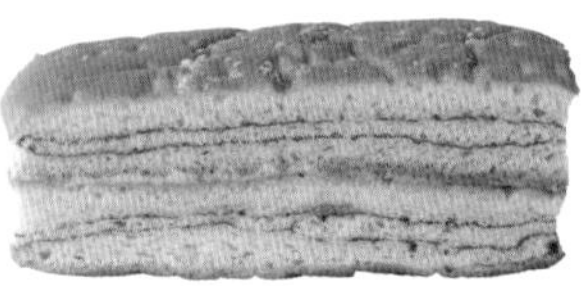

私と旅とパン ②

〈表情豊かな動物パン〉

Column

昔から、町のパン屋さんに並ぶ、手づくり動物パン。食が細い子どもでも、楽しく食事ができるようにと、パン屋さんの優しさの形。

ご近所・旅先、どこででも。見かけたら必ず手が出る動物菓子パン。好みを知る友人・知人から手みやげにいただくこともあり、どの顔がどのパン屋のものか失念も多く、店名抜きで記録写真をコラージュしました。

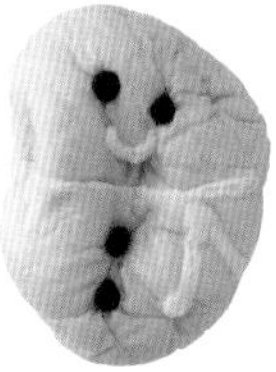

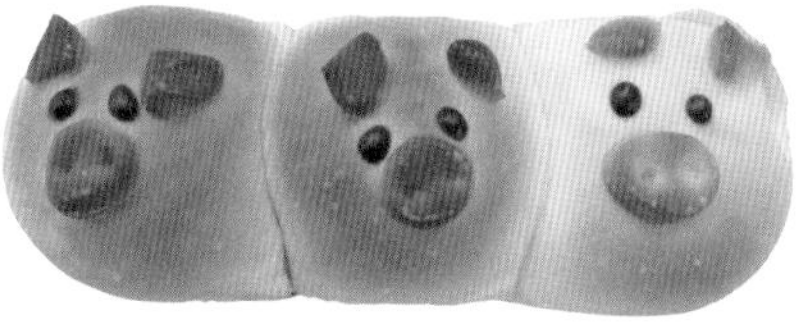

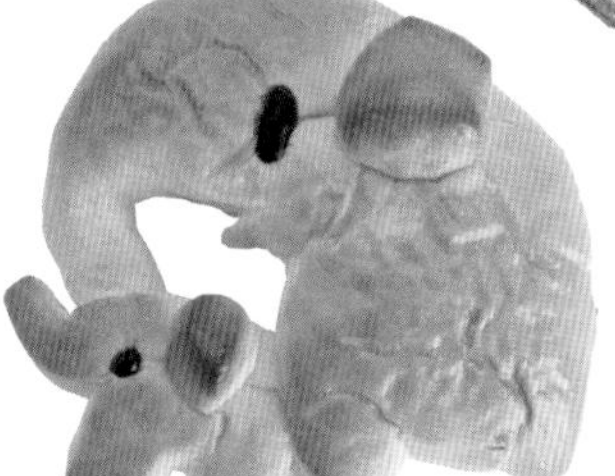

森でパン屋を営むカラス家族を描いたかこさとし『からすのパンやさん』は、子どもの頃に大好きだった絵本。ぶた、ぞう、こねこ……あれこれ描かれる動物パンに憧れて、パン屋へと連れていってもらうたび、子ども向きに甘い具がたっぷり入った動物パンを探し、嬉々として選んだ。今でもパン屋で動物パンを見つけると、つい手がのびるのは、幼い頃の思い出ゆえ。愛嬌いっぱいの動物パンを味わうとき、顔いっぱい笑みをたたえて、口いっぱいパンをほおばった昔への、記憶の旅がはじまる。

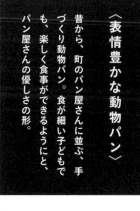

パンや店のキャラクター

存在感抜群。出合うと思わず笑顔になる可愛いコックさんや動物たち。慕わしく愛嬌たっぷりのキャラクターをご紹介。

（ロゴや絵柄の一部分のみ掲載しているものもあります）

→矢嶋製パン

←りょうこく

丸二製菓
こんがりあん→

→いのや商店

↑ぐしけん

↑リョーユーパン

←いのや商店

↑東京堂パン

→松月堂

↑パンあづま屋

↑光月堂

↑ぱんのいえ

↑杉本パン

↓ペリカン

↑日糧製パン

←ロバのパン坂本

→パンあづま屋

→アメリカパン

←神戸ベーカリー
水木ロード店

↑大友パン店

→ぐしけん

←蜂の家

↑丸二製菓 こんがりあん

←リバティ

↑ニブベーカリー

↑マルキン製パン工場

→ウチキパン

↓なかやパン店

↑高岡製パン工場

←出雲キムラヤ

↑いのや商店

↓オイシス（キンキパン）

↑リバティ

↑小山支店

↑オーカワパン

↑ブーランジェリー ナカムラ

←佐野屋製パン

←モンドウル田村屋

←頓所製パン

←高岡製パン工場

←太豊パン店

→相馬屋菓子店

→亀井堂

↑日糧製パン

↓山口製菓舗

↑白石食品工業

←月原ベーカリー

←モンパルノ

→湘南堂

←イケダパン

←いのや商店

↑ブーランジェリー
ナカムラ

↑福田パン盛岡本店

←清川製菓製パン店

中村屋→

←なんぽうパン

私と旅とパン ③

〈パンか？ 菓子か？〉

Column

菓子屋に並ぶパンという名の菓子。パン屋でみかける菓子のようなパン。垣根を越えて行き来する、パンとお菓子の結びつき。

「明治日本の産業革命遺産」として世界文化遺産に登録された韮山反射炉の建造に努めた江川太郎左衛門は、「日本人による日本人のためのパン」を最初につくったことで「パンの祖」と呼ばれる。しかし保存性と可搬性を目的とした兵糧としてのパンは、

6
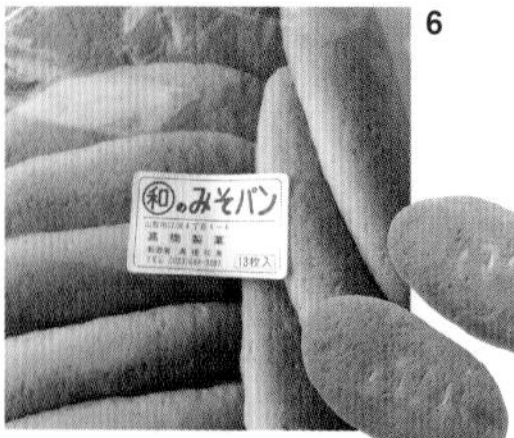

7

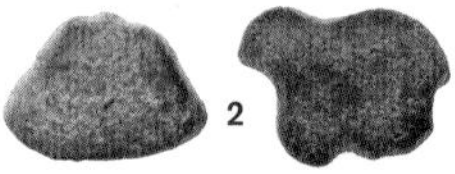
2

1

3

9

8

4

5

1・2／静岡・吉原で江戸時代創業の「南岳堂」。小麦粉・砂糖・卵・重曹をつかった和風クッキー「とりぱん」 **3**／名古屋・大須名物「岩瀬食品」の「カタパン」。 **4・5**／福島・会津駄菓子の老舗「本家長門家」で、明治～大正時代につくられた外来パン「滋養パン」を復刻。うさぎ、グローブ、お相撲さんなど子どもの好きな形。味噌、黒糖、ごまなど味も異なる **6・7**／山形で求めた味噌味クッキー「高橋製菓」のみそパン。MISOの刻印がハイカラな存在としての発祥を物語る **8**／大正時代に流行していた玉子パン。福井「ヨーロッパン キムラヤ」では、昭和2年の創業時からつくられる **9**／長野・下諏訪町「三光製菓」の「ババロアパン」。その名の通りババロアをそのままパンにサンド。40年以上愛される。

訪れた時期は異なり、現在は状況が変わっているところもあるため各店へのお問い合わせはご遠慮下さい。（P.58～61、141、144～146、224～228）

硬くパサパサしていた。その後、木村屋總本店が明治時代に酒種酵母菌で発酵させた生地のあんぱんを、丸十ぱん店が大正時代にイーストでの製パンを開発するまで、日本人にふっくらとしたパンのイメージはなし。かわりに、小麦粉を使った菓子にハイカラなイメージを重ね「〇〇パン」と名付ける店が多くあった。老舗菓子屋でパンの名を冠する菓子を見かけるのもその名残り。また、パンも洋菓子も窯を使うため、明治〜昭和初期創業の歴史ある店ほど、パン屋が菓子もつくり、菓子屋がパンもつくることがよくあった。

　日本のパンと菓子の歴史は、ところどころで交わりながら、ともに発展してきた親戚のような関係。パンか？　お菓子か？　境界線をたゆたう品をつくる店に老舗が多いのも理由がある。その品誕生の物語をたどれば、土地柄までも見えてくるから、パンやお菓子の旅にまた出たくなる。

16

15

14
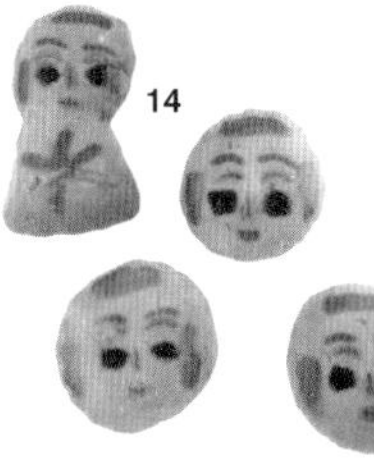

10
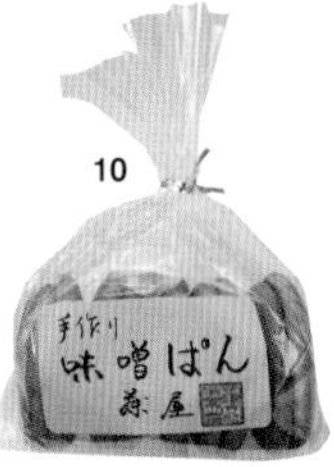

11

13

17

12

10／群馬・桐生「藤屋」の味噌ぱん。味噌だけでなく醤油も隠し味に　11-13／神事や運動会のあと和風クッキー「堅ぱん」が配られる風習がある三重・伊勢。「島地屋餅店」の「焼パン」も堅ぱんの一種　14／宮城・石巻「笠屋菓子店」の「こけし味噌パン」。明治時代からつくられる味噌パンを、こけしの形に　15／群馬・桐生で、数軒の菓子屋がつくる花ぱん。桐生天満宮の梅紋をかたどった生地に砂糖蜜をかけた菓子で江戸時代からつくられる。「小松屋」には他にチョコ花ぱんもある　16／新潟・上越市で戦前からつくられる「夜光パン」。原料は、小麦粉、卵、砂糖のみ。四角い生地を銅板で焼き上げ砂糖液にくぐらせ、表面についた砂糖の結晶がきらきら光る。「滝本菓子店」のもの　17／佐賀名物・小城羊羹の老舗「村岡総本舗」が作る「シベリア」。カステラ、自家製あん、羊羹を5層に。

※コラム「私とパンと旅」①〜⑤は、著者が実際に旅先で訪ねて食したパンやその店の様子を書き留めた当時の記録を元にした、旅のルポルタージュです。

25

24

20

18

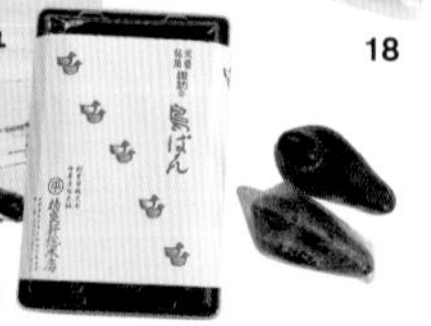

19

27

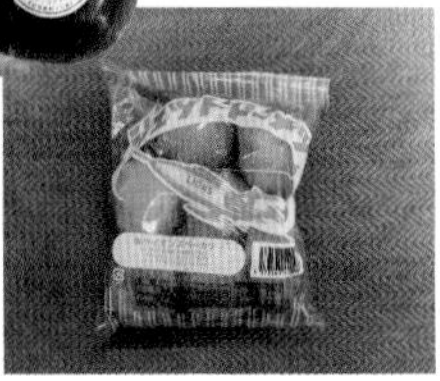

26

23

22

21

33

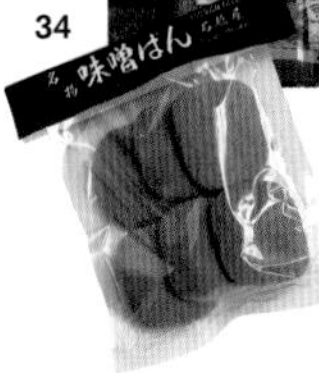

34

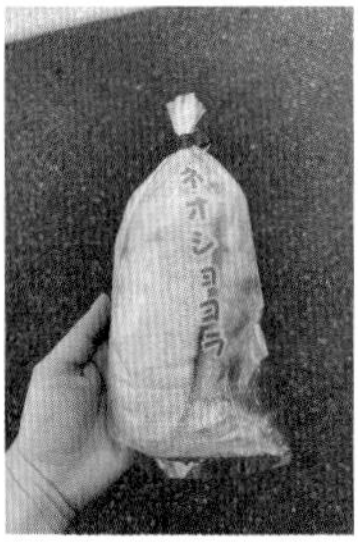

32

30

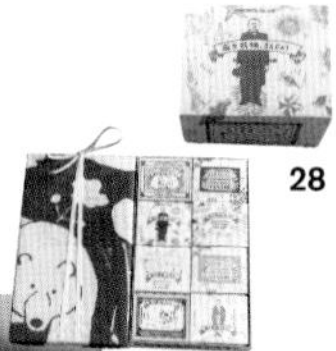

28

31

29

18／沖縄・恩納村「三矢本舗」の「ブルース」。数量限定で製造されるため幻の味と称される。カスタード味のケーキでありつつ、パンのようにも食される。　**19**／長野・諏訪湖に飛来する鴨やオシドリの姿をかたどった「精良軒総本店」の「鳥ぱん」。2代目がパンとして考案したものを、3代目が和菓子に饅頭菓子に改良した。　**20**／移動式屋台「岡田のパンヂュウ」目当てに栃木・足利を目指すも、雨の予報で臨時休業。半球型の小麦生地の中にこしあんが入ったパンヂュウを、必ずまた味わいたい。　**21**／新潟・長岡の和菓子とアイスキャンデーを扱う「川西屋」で、「醤油パン」に遭遇。　**22**／福岡・北九州で朝5時から開店する「虎家のパン」。名物のあんドーナツ・リングドーナツを買いに。　**23**／福島・小野町の「扇屋菓子店」名物「砂糖パン」。練りあん入の生地に砂糖をまぶしたお菓子。残念ながら品切れだったので必ずやまた。　**24**／名古屋「花桔梗」の「あんトースト最中」。食パン型の最中に、あんこをのせて味わうお菓子。　**25**／長崎・新上五島町「市川商会」の菓子パン「ヤキリンゴ」。ブッセ生地でリンゴの果肉入バタークリームをサンド。　**26**／福岡・北九州で50年以上愛される「ライオンズベーカリー」のベビードーナツ「ジェットドーナツ」。　**27**／大分「シェルブール製菓」の「サーフィン」。クリームパンを水羊羹で包んだ冷たいパン。　**28**／和歌山・田辺「菓匠 二宮」の「南方熊楠っまんじゅう」。あんぱん好きの熊楠をイメージ。あんぱんのような生地に、こし餡と白餡を混ぜた千鳥あんを。　**29・30**／福島・小野町「ススムストア」の名物だった「アイスバーガー」。廃業する直前に訪問して30年以上愛されてきた味を楽しんだ。　**31**／名古屋「よしの屋製菓」の「ラインケーキ」。小麦粉、卵、蜂蜜などが材料で独特の食感。「幼い頃、パンとして食べていた」という友人が。　**32・33**／京都・伏見の「エッフェル本店」。名物「ネオショコラ」は、チョコホイップを挟んで凍らせたアイスパン。　**34**／仙台駄菓子の老舗「石橋屋」で、「味噌ぱん」と「黒パン」を。

第3章

お菓子のようなパン、パンのようなお菓子

日本独自の概念と言われる「菓子パン」。戦前から日本人が好み、日常の楽しみとしてきたお菓子のような甘いパン、パンという名のおやつのあれこれ。

カステラパン

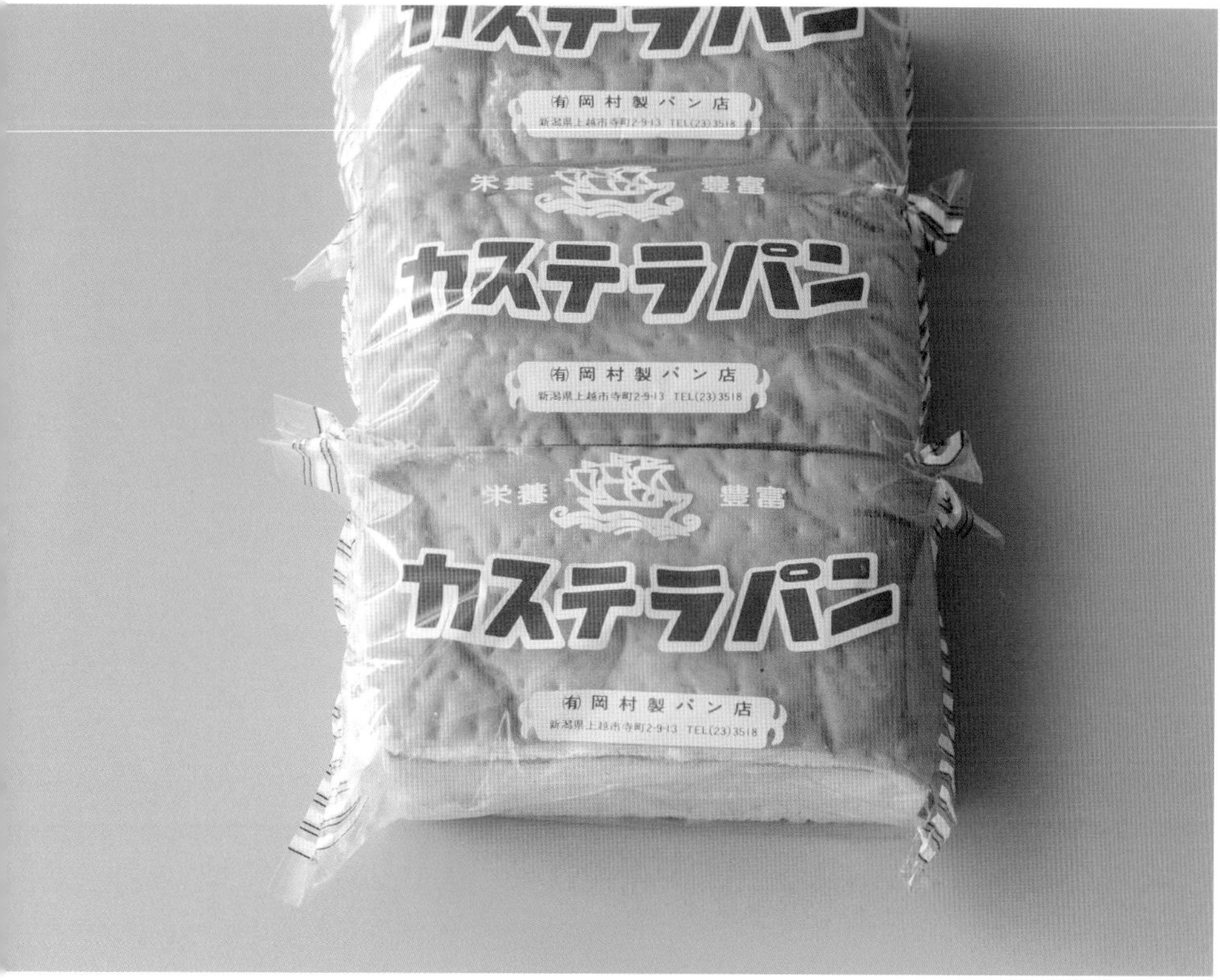

右ページ

カステラパン

今見屋パン店／茨城

手作りカステラを、中種製法で仕込んだ菓子パン生地とイチゴジャムでサンド。60年前の販売時から地元の高校の購買で販売。慶応年間に菓子店として創業し、大正3年からパンを製造する老舗の一番人気。

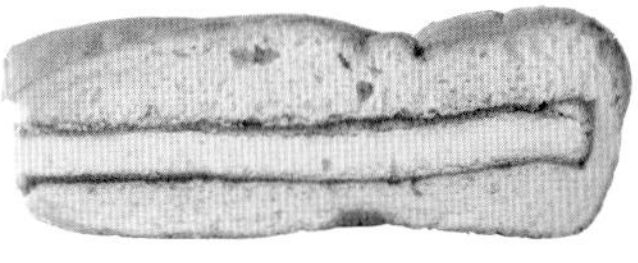

上

カステラパン

岡村製パン店／新潟

地元・上越市では「おかパン」の愛称で親しまれる、昭和2年創業のパン店。ふんわり焼いたパン生地の間には、しっとりとした食感の厚切りのカステラと、ほんのり甘いクリームが。1つでたっぷり食べ応えあり。

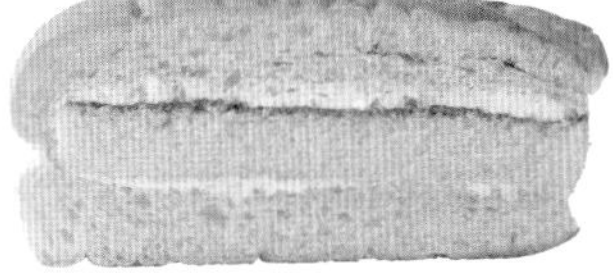

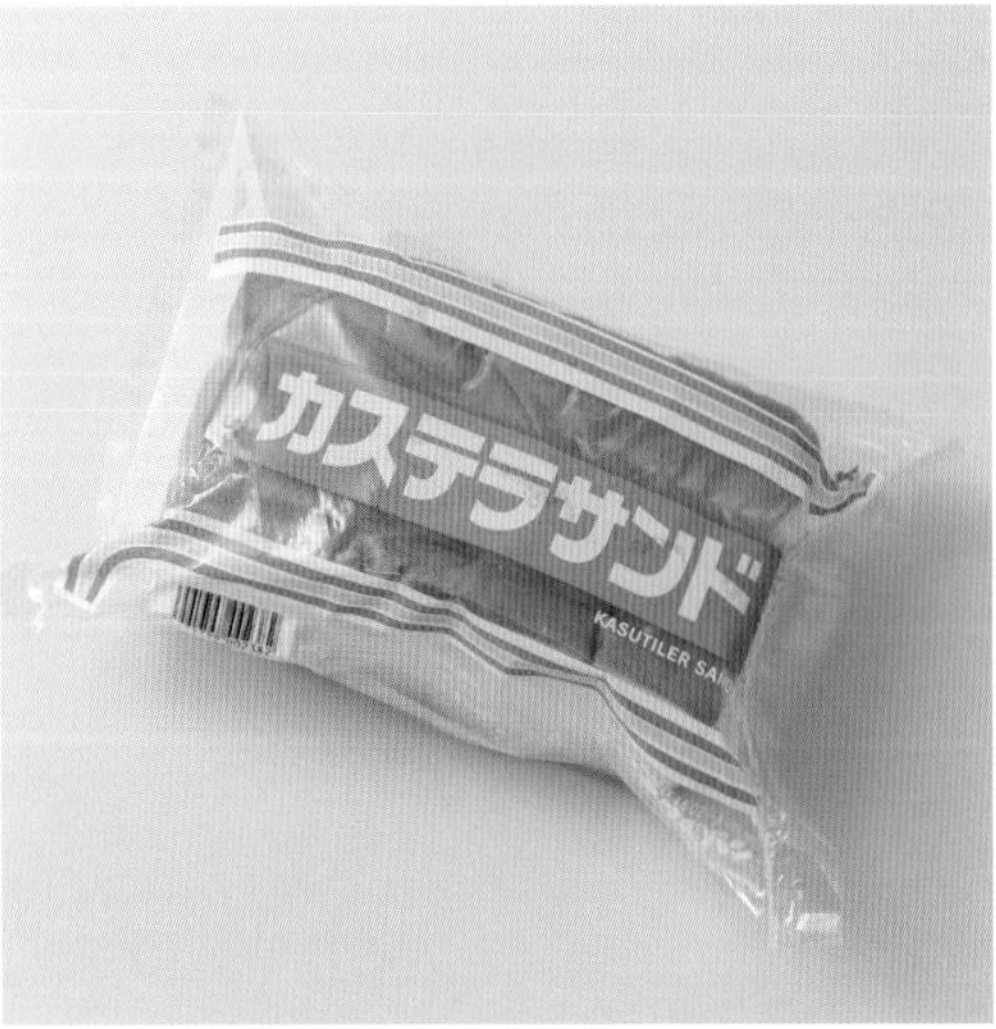

カステラサンド

中川製パン所／新潟

佐渡旅のさなか、フェリーターミナルで採集。カステラパンは半世紀以上前から佐渡のパン屋で定番的につくられているそう。甘い菓子パン生地に、クリームとカステラをはさみ四角くカットしている。

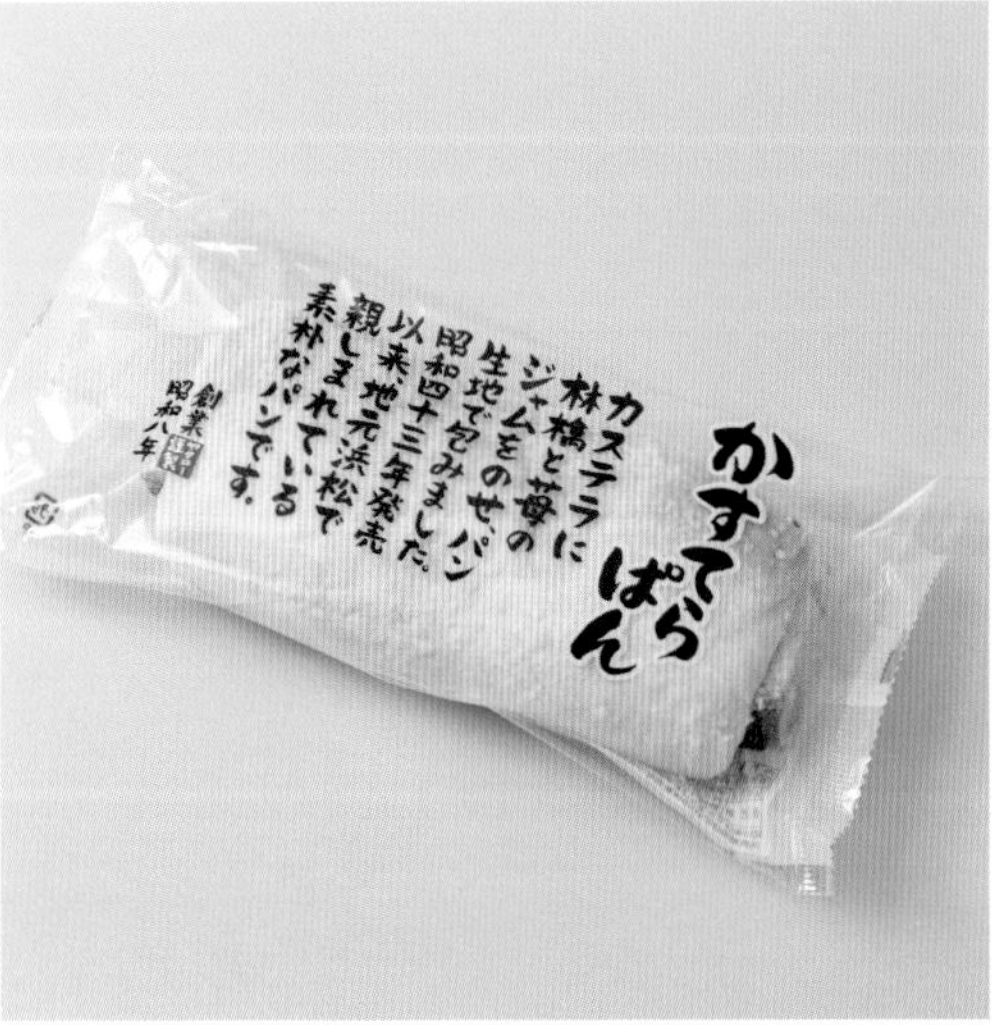

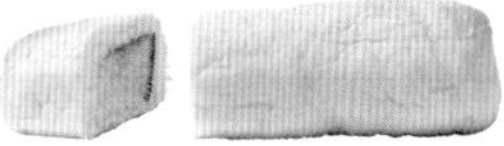

かすてらぱん

ヤタロー／静岡

昭和8年に中村時商店としてパン・菓子の製造販売をはじめ、今やバウムクーヘンの「治一郎」も手がける食品メーカーの人気パン。「ヤタロー工場直売店」や浜松市周辺、関東のスーパーなどで購入できる。

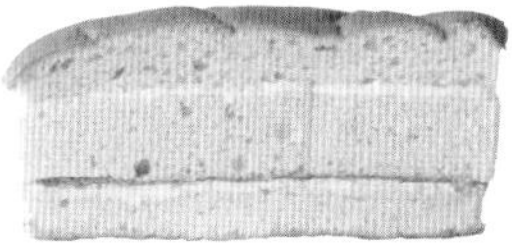

カステラパン

中村屋パン店／長野

食パン生地を使って焼き上げた、ふかふかで優しい風味の牛乳パンに、ほっとする甘さのカステラを挟んだパン。昭和28年に、「これからの時代はパンだ!」とパン店を始めた初代の頃から根強く愛される菓子パン。

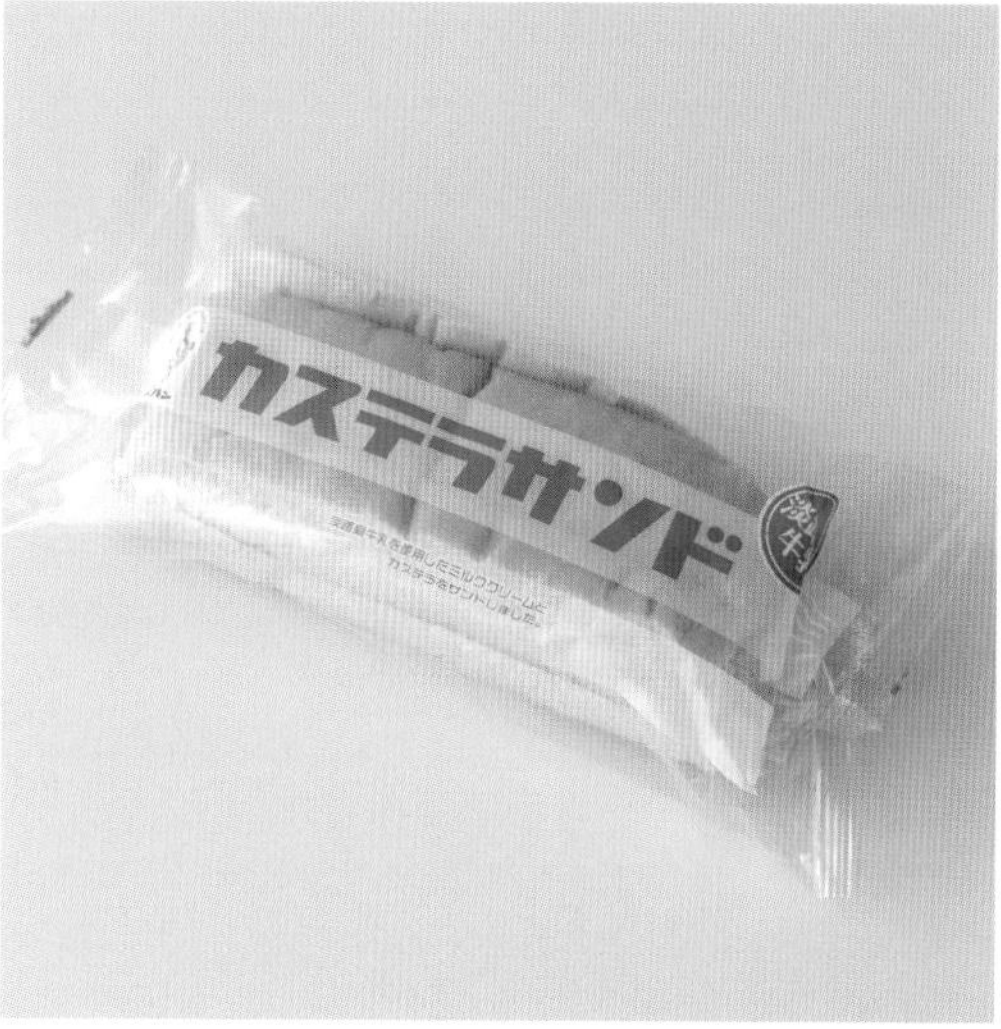

キンキパン カステラサンド

オイシス／兵庫

オイシスの前身「近畿食品工業株式会社」の創業は昭和23年。当時から「キンキパン」として親しまれ、今もブランドとして継承。クリームとカステラをやわらかいパンで挟んだカステラパンは、昭和50年前半に開発された。

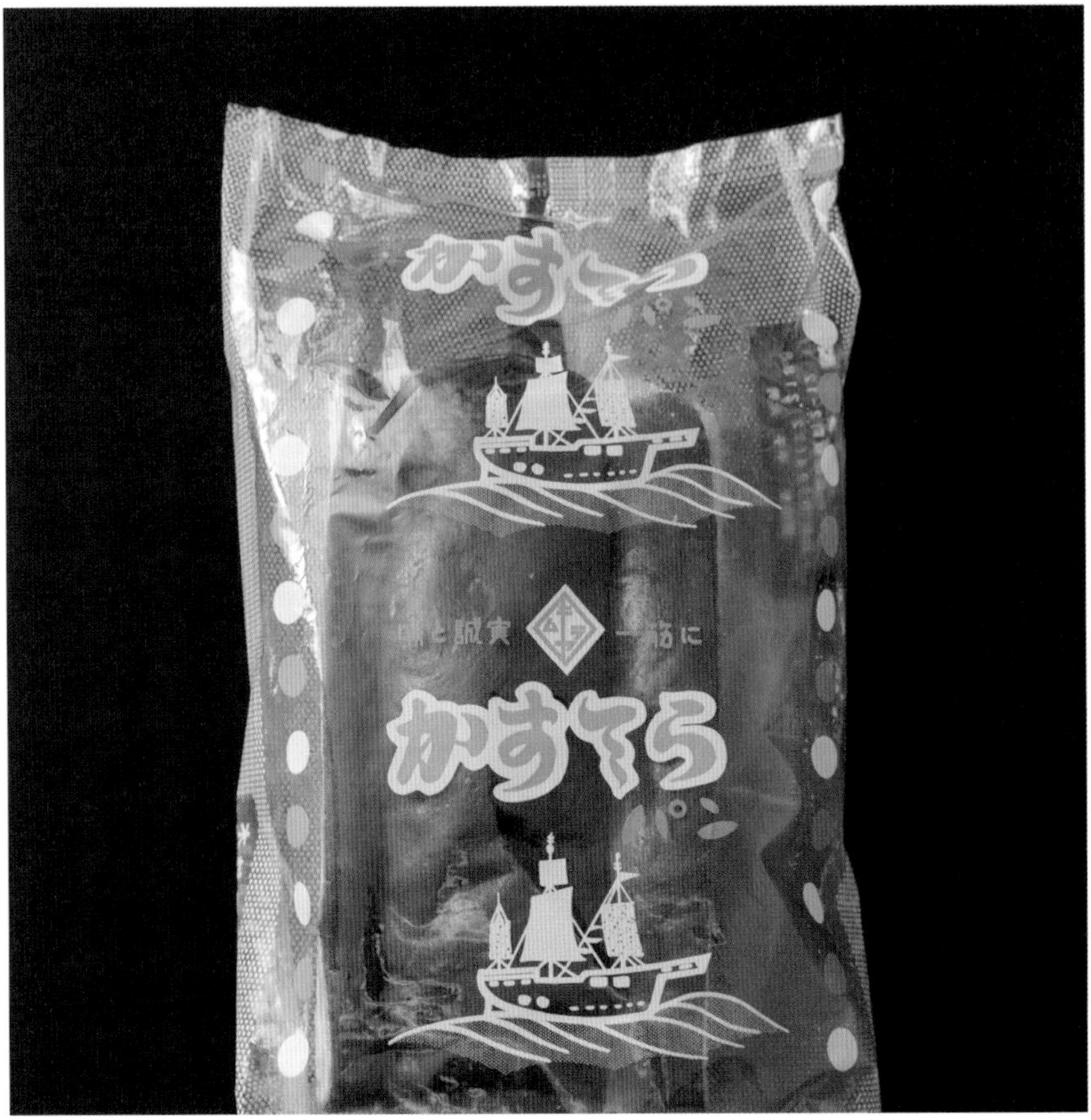

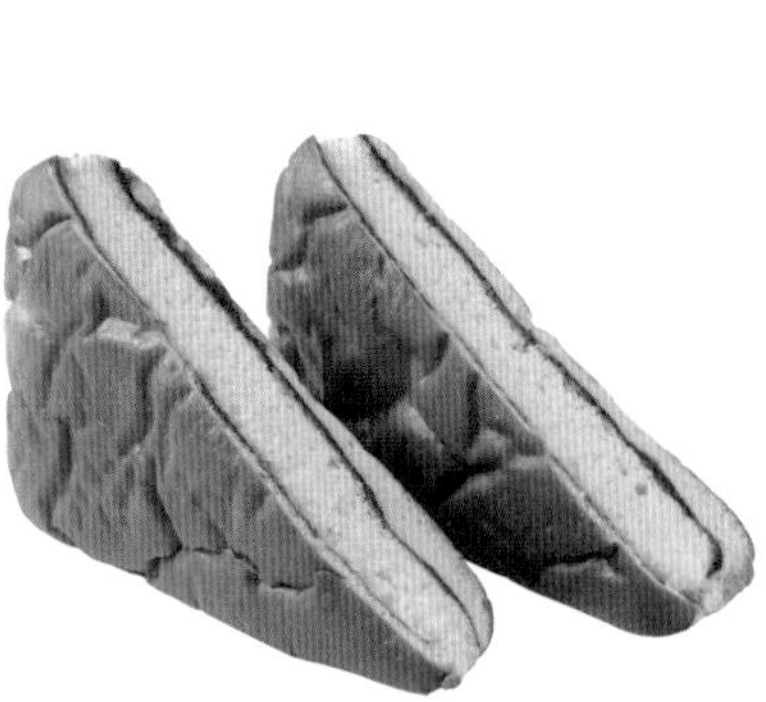

上

かすてらパン

キムラヤ／茨城

カステラとバタークリームを菓子パン生地ではさみ、四角くカット。昭和28年、日立市市内の高校で販売するにあたり、学生が満足するボリュームあるパンをと先代が考案。店の創業は昭和14年。　※現在は閉業

左

カステラパン

木村屋製パン／千葉

学校給食パンや進物菓子もつくる店。天然酵母と海洋酵母で発酵させた菓子パン生地に、ふかふかのカステラと酸味がきいたイチゴとリンゴの特製ミックスジャムをはさみ、1枚の天板で焼き上げる。その後、三角形にカット。

ビタミンカステーラ

高橋製菓／北海道

素材は、小麦、卵、蜂蜜、ビタミンB1・B2など。誕生は食糧難だった大正10年頃。栄養価値が高く、日持ちするように少ない水分量で考案。1本110円＋税と安価を貫き、スーパーやコンビニで販売。

ようかんパン

ヒスイパン

清水製パン／富山

創業者は元教師。元気な子どもを育てるためと昭和24年パン屋に転身。物資が乏しい昭和30年頃、あんパンの焦げ目を隠そうと近くにあった羊羹を塗り偶然に完成。名は地元のヒスイ海岸にちなむ。

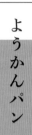

ラビットパン

イケダパン／鹿児島

白あんパン×羊羹。名の由来は、パンを月に見立て十五夜うさぎを連想したとか、黒く艶やかな見た目が黒うさぎのしっぽに似ているからという説が。昭和32年発売の品を復刻。10～4月の期間限定。

ようかんぱん

粉とたまごの工房 ふじせいぱん／静岡

昭和10年に菓子屋として創業。まだ副材料に恵まれない昭和30年代に、高価だったチョコレートの代替として生まれたとも言われる。粒餡入りのあんパンに羊羹をかけバニラクリームをトッピング。

サンスネーク

山崎製パン／北海道

ようかんパンは北海道でポピュラーな菓子パン。その代表格のひとつ。ツイスト状に形成したパンにミルククリームをはさみ、ようかんでコーティング。全国区の製パン会社の北海道限定商品。

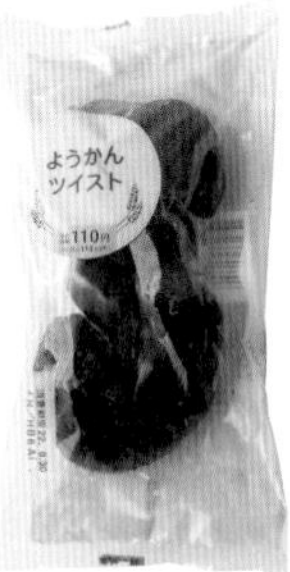

ようかんツイスト
ようかんパン (ホイップ&カスタード)

セイコーマート／北海道

ホイップとカスタードを絞った生地にようかんをかけた「ようかんパン」と、ホイップクリームを挟んだツイストパンにようかんをかけた「ようかんツイスト」。北海道を代表するコンビニでお馴染みの顔。　※北海道の店舗のみでの販売

羊羹ぱん

菱田ベーカリー／高知

創業者は戦後に呉服店からパン屋に転身。昭和40年頃、保育園用の紅白饅頭に羊羹で祝の字を入れていた。その余り羊羹をあんパンにつけたのが誕生のきっかけ。羊羹がパンのパサつきを抑える効果も。

シベリア

シベリヤ

こらくや／愛知

地元の卵（ランニングエッグ）を使ったカステラの間に淡雪をはさんだ。亡き父が修業時代に学んだ味を独自にアレンジしたものを二人の娘が受け継ぐ。店舗はなく道の駅「藤川宿」で販売。　※現在は閉業

シベリア

コテイベーカリー／神奈川

大正5年の創業からつくり続ける、明治生まれのシベリア。パン焼き窯の余熱で焼いたカステラとあんパンの餡を使い昔はどのパン屋もつくったそう。なめらかな羊羹とふっくらカステラが絶妙に調和。

油パン

アンドーナツ

山口製菓店／秋田

地元では油パンと呼ばれ、どっしりとした持ちごたえ。薄皮だから染み込む油は少量で見た目ほど重くない。銅釜で練ったこし餡を職人が手でパン生地に包んで揚げる。昭和38年の創業時から続く味。

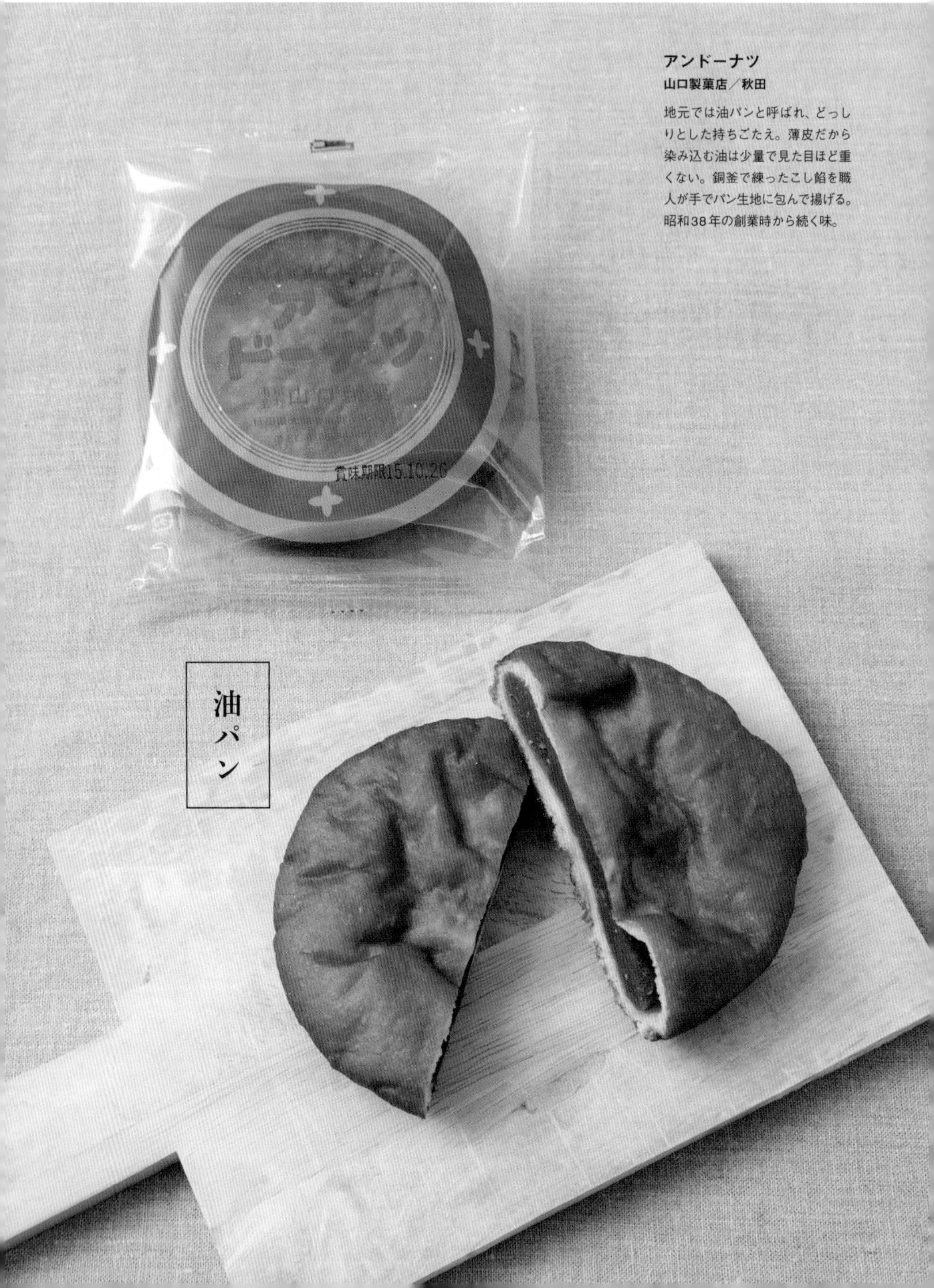

上

あんドーナツ

中屋／愛知

昭和11年に菓子屋として創業した老舗の名物。酒種で長時間発酵させた生地に水あめを加えることで、老化が遅く香りよくもっちりと仕上がる。中身はこし餡。最後にシナモンシュガーをまぶす。

左

油パン

清川製菓製パン店（清川製パン）／福島

こし餡入りのパンをからっと油で揚げたパン。外皮はさっくり、内側はもっちり。甘いものは苦手だけれど、油パンは大好物という男性ファンも多い。名前からのイメージとは裏腹に、軽い後味。

堅パン

かたパン

だるま屋／福井

小麦粉・膨張剤・砂糖・塩を合わせた生地を鉄板焼き器で堅く焼き、青のりをふりかける。昭和22年の創業時より、一枚一枚手焼きを続ける。伊賀忍者の非常食・かた焼の製法がルーツと伝わる。

焼パン

島地屋餅店／三重

材料は薄力粉・砂糖・膨張剤のみ。大正時代から焼パンをつくるおじさんの引退時に作り方を受け継いだ。焼印は伊勢神宮・正宮の他にも数種。昔は伊勢で紀元節のお祝いに子どもたちに配られたそう。

くろがね堅パン

スピナ／福岡

大正9年、汗を流して日夜働く従業員の滋養を目的に、官営八幡製鐵所で誕生。くろがねとは鉄の意味。長期保存できるように極力水分を少なくしたところ、鉄のように堅いパンができあがった。

軍隊堅パン

ヨーロッパン キムラヤ／福井

初代は東京・木村屋、二代目はヨーロッパで修業。司馬遼太郎も賛辞した昭和2年創業のパン屋。陸軍から指定を受け製造した兵糧を復刻。祖父・父の戦時中の体験や思いを紡ぎながら三代目がつくる。

いろんな菓子パン

ビスケット

たけや製パン／秋田

ビスケット生地を折り込みツイスト状に焼いた、ほんのり甘いデニッシュパン。名前からのイメージ以上に柔らかく食べやすい。1970年代に誕生。当時の価格は60円で安くおいしく支持を集めた。

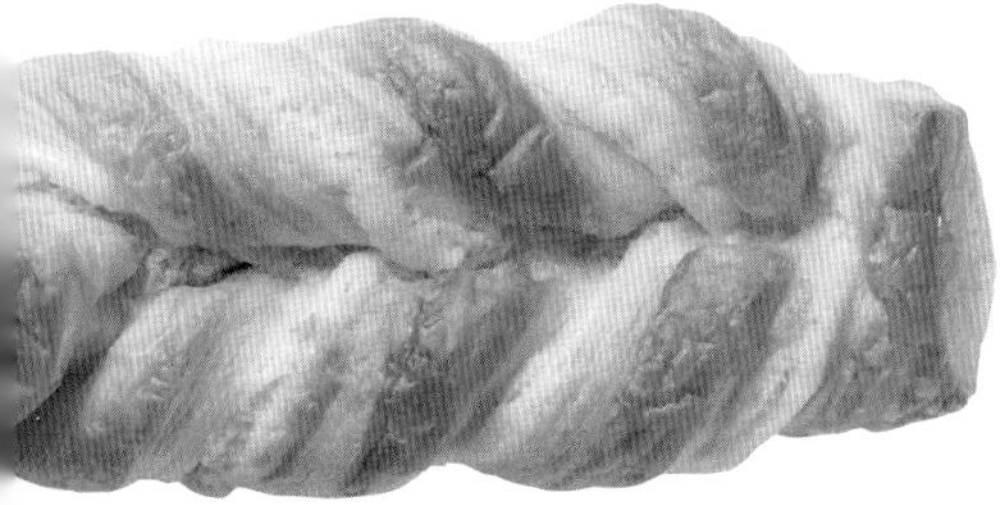

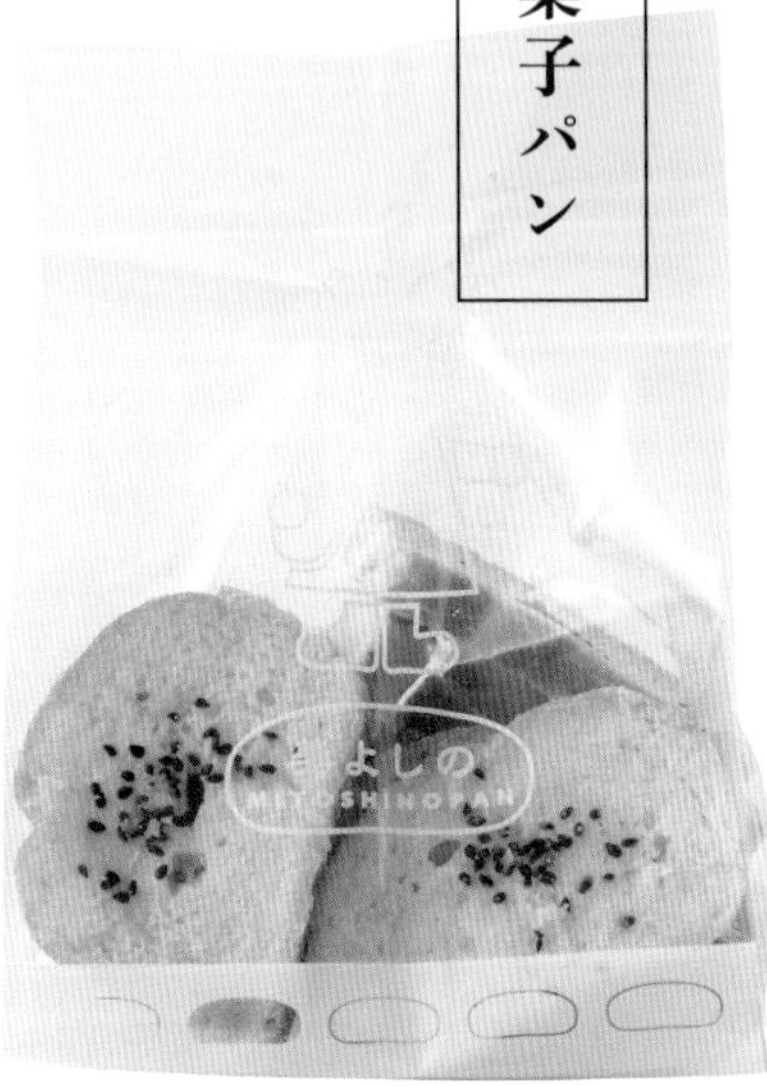

コッペパンのラスク

美よしの菓子店／茨城

半世紀以上の看板商品・コッペパンを、さっくり軽いラスクに。添加物未使用のコッペパンは当日のみの賞味期限だけれど、ラスクならば手土産にもできる。焦がし風味のバターと砂糖たっぷり。

うず巻パン

富士製菓製パン／沖縄

約50年前、物資が豊かでない時代に誕生。平たく焼いたパン生地に、しゃりっとした食感の砂糖入りクリームを塗り、くるっと巻いてカット。お土産用に日持ちする「うず巻きラスク」もつくられる。

パン工房カギセイ

フルーツパン／福島

大正5年に和菓子店として創業。バナナなどの生フルーツが高価で、生クリームも一般的でなかった50年以上前に考案。甘さを抑えたバタークリームとカラフルなフルーツゼリーを合わせ、丸いパンで挟んだ。

下

アップルリング

第一屋製パン／東京

しっとりふわふわなパン生地に、甘く煮込んだシャキシャキりんごを加えて、こぶし大に。それを6個のリング状につなげて、アイシングをたっぷりと。昭和57年に、家族団欒に適した大型菓子パンをと開発された。

上

焼りんご

ぱんのいえ／長崎

昭和35年頃、ブッセ生地にバタークリームを挟んだ「ヤキリンゴ」を考案した長崎の「東洋軒」。元祖の店の閉店時に「ぱんのいえ」が製法を継承。ハチミツ入りの生地に、バタークリームとリンゴのシロップ漬けを挟んでいる。

ウエハウスパン

八楽製パン／愛知

手づくりバタークリームを塗ったふんわり柔らかなパンを、ピンクとグリーンのウエハースではさんでいる。発売された昭和32年頃、出回りはじめたお菓子・ウエハースと合わせたことで好評を得た。

うわさのプリンパン

光月堂／福島

創業100年以上の老舗の顔。パンとカステラ、2層構造の土台の中央に自家製プリンをのせてクリームで飾りつけ。約40年前に高校の売店で販売していたところ、学生たちが「うわさのプリンパン」と呼び始めた。

上

復刻版デンマークロール
復刻版ダニッシュロール

タカキベーカリー／広島

昭和34年に創業者がデンマークで食べたデニッシュペストリーのおいしさに感動して日本で初めて発売。溶かしバターを塗った生地を渦巻状にし、フォンダンをのせた「デンマークロール」は結果的に違うものだったが、広く愛されることに。その後、「ダニッシュロール」が完成。アップルジャムやシロップ漬けした国産りんごを巻き込んで、しっとりとしたおいしさ。ともに復刻版。

下

ケーキパン

池田屋菓子舗／茨城

昭和20年創業。洋菓子店が今ほどない時代、パンでケーキを再現しようと考案。パンの中央には、砂糖の食感を残してシャリシャリとした食感のバタークリームと、イチゴジャムが。シャーベットパンとも呼ばれる。

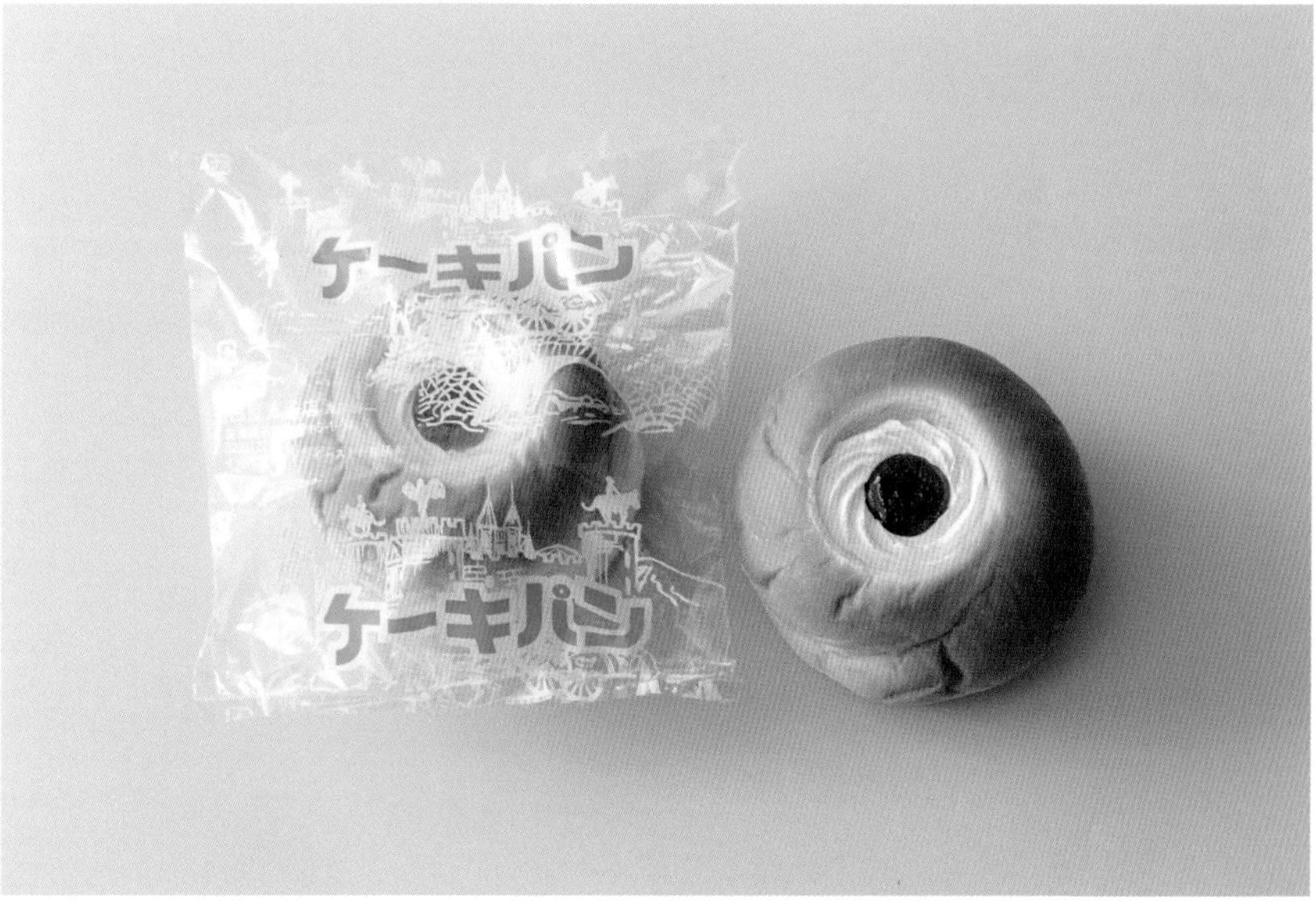

上

ひびわれボール

プレセンテ／千葉

千葉大学の近くにあり、学生たちにも愛される店の人気パン。「ひびわれ」と呼ばれる表面はさっくり、「ボール」を表す中身はふんわりで、不思議な食感。白あんを包んだパンに、ビスケット生地をかけて焼き上げている。

下

ラスク

亀井堂／鳥取

ひと口サイズの食パンの耳をシロップに漬けて焼き、しっかり歯ごたえのあるラスクに。元になる食パンの耳がとれるのは、1本の食パンから両端の2枚のみ。そのため週2回の限定生産。水玉模様の袋も愛らしい。

サーフィン

シロヤ／福岡

昭和25年創業の、洋菓子とパンが並ぶ店。なめらかな口当たりのクーヘンを、しっとりとした食パンではさんだ、他にないサンドイッチ。ふわふわ×ふわふわの未体験食感。昭和60年頃から販売。

ロバのパン

ロバのパン坂本／徳島

昭和初期、全国チェーンで展開されたロバのパンブランド。卵・牛乳、添加物をなるべく使わず昔ながらの製法で、20種類以上の蒸しパンをつくる。通販の他、徳島・香川・愛媛を販売車で巡る。

パンのようなおやつ

きよめぱん

きよめ餅総本家／愛知

昭和10年創業の和洋菓子店。砂糖が入手困難だった戦後から昭和34年頃まで、学校給食用のパンを製造。「きよめぱん」の名で復刻する際、和菓子屋らしく、もっちりとした生地で粒あんを包み、饅頭のように仕上げた。

花ぱん

小松屋／群馬

厳選した小麦粉と新鮮な卵を練って焼き、蜜をかけた、ほんのり優しい甘さの焼き菓子。外側はさっくり、中はしっとり。明治29年創業の和菓子店の銘菓。桐生天満宮の梅の花をかたどり、学業や健康を願い作られる。

ぱんじゅう

桑田屋／北海道

パンが高価だった文明開化の時代に小樽で誕生した、手頃な値段のパンの皮のような半円型の饅頭。パリパリとした食感に焼き上げた薄い小麦粉生地の中に、粒あんやこしあんなど、さまざまな具材がみっちり。

下

ぱんじゅう

正福屋／北海道

大正時代から存在し、炭坑夫や港湾労働者のおやつとして広まった小樽名物を受け継ぐ味。半円状のもちっとした生地の中、粒餡・こし餡・クリームがぎっしり。屋台風の店舗に行列ができる。

上

木の葉パン

山口製菓舗／千葉

昔から地元に伝わる、小麦粉に砂糖を混ぜて重曹で膨らませた素朴な焼き菓子。銚子にゆかりある竹久夢二の歌にも登場する。時代とともに、卵、油脂、はちみつ、水飴などを加えて、食感もやわらかく変化させている。

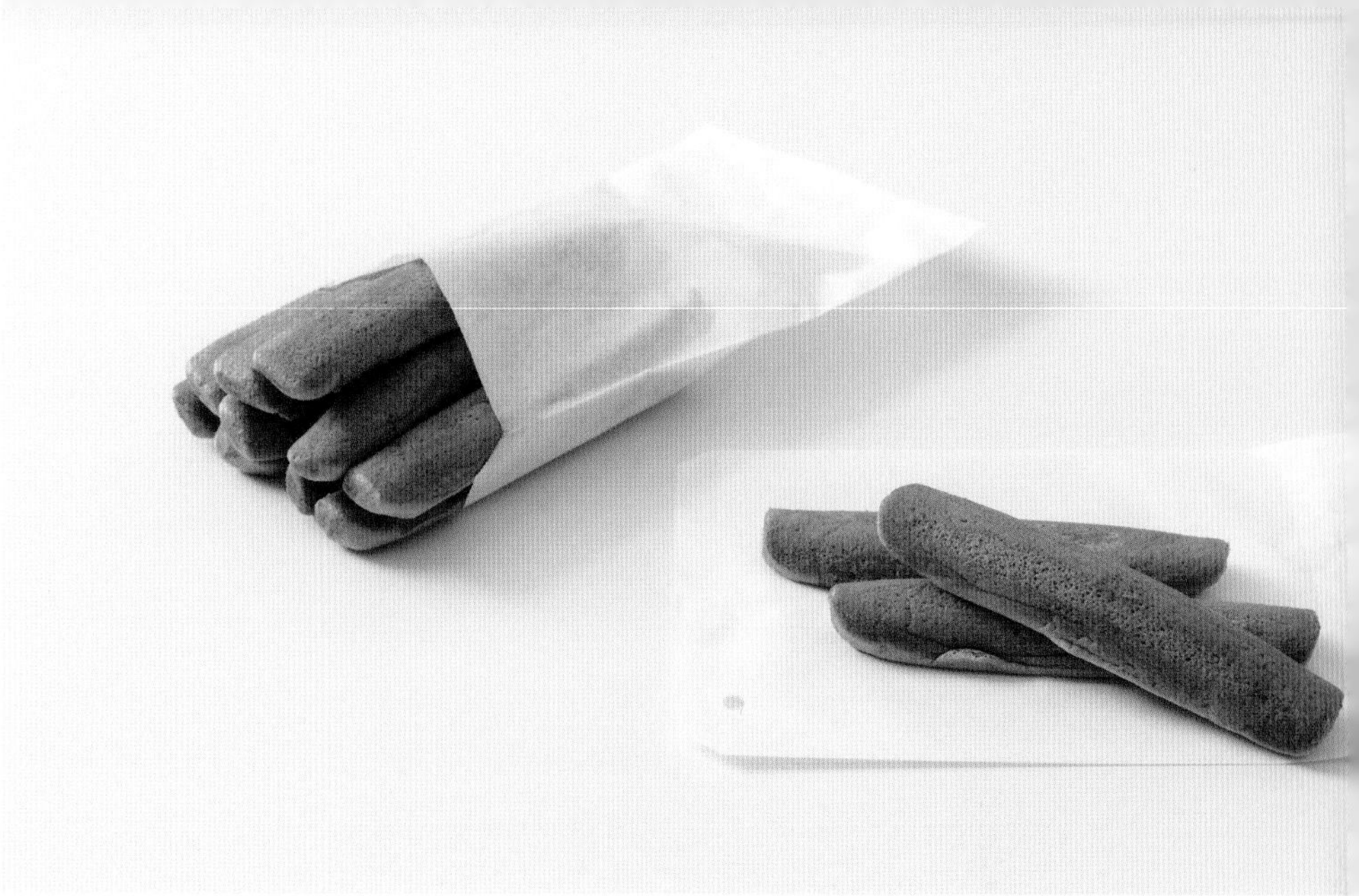

下

甘食

山口製菓舗／千葉

「甘い食事パン」の略と言われる甘食は、明治時代から親しまれる円錐形の焼き菓子。大正3年の創業当時から作られる山口製菓舗では、水を使わず新鮮な卵だけで小麦粉をこね、しっとりコクがある味わいに。

上

ぽっぽ焼き（蒸気パン）

こまち屋／新潟

薄力粉に黒砂糖・炭酸・ミョウバン・水を加え、蒸気の出る焼き器で焼く、パンのようなもちもちの菓子。新潟下越地方の屋台の定番で行列ができるほど。明治終期に町民菓子として考案されたと伝わる。

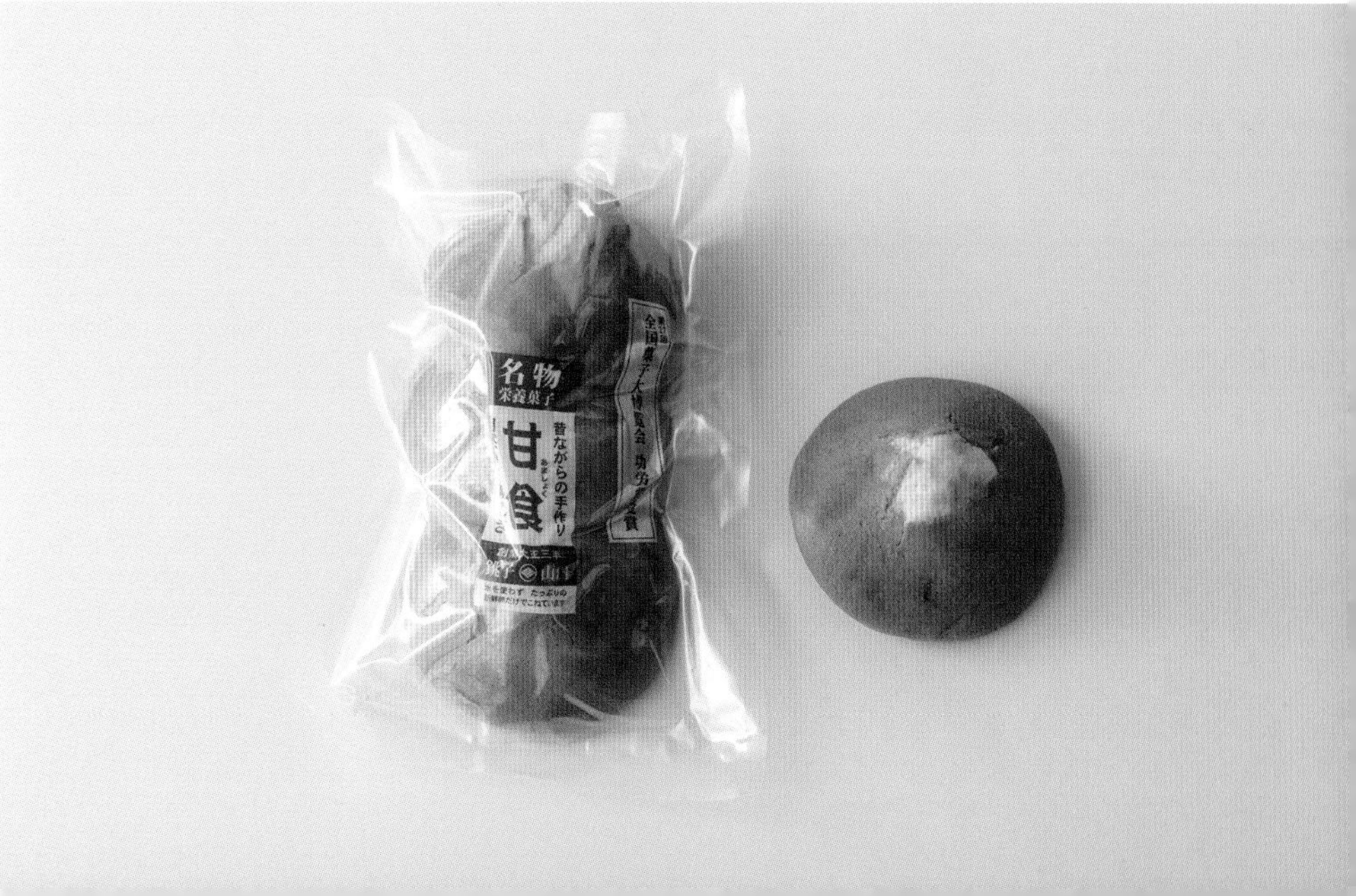

ドーナツ

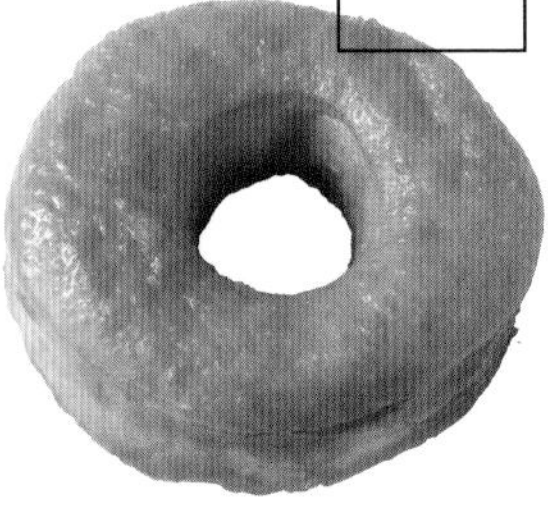

中上

ネジパン

住田製パン所／広島

オリジナルブレンドの酵母で発酵させた生地をねじった揚げパン。もっちりとした食感で噛みごたえが心地いい。じゃりじゃり音をたてる上白糖をまぶしているのが昔ながら。

右下

アメリカンドーナツ

朝日堂／北海道

十勝の牛乳と卵を使った半月状の揚げパンに、自家製カスタードクリームをサンド。店頭には、あん、あんボール、チョコ、生クリーム、かぼちゃあん、ツイスト、7種の味が揃う。

右中

ハニードーナツ

ロンパル／大阪

昭和46年創業のパン屋で50年近く親しまれる。みたらし団子に着想を得て、揚げたてにたっぷりはちみつをかける。時間の経過とともにはちみつが生地に染み込み美味。

右上

あんドーナツ

羽馬製菓／富山

もっちりとした生地の中には、小豆の粒の食感と優しい甘さを楽しめる自家製の粒あんが。合掌造りで知られる五箇山で、40年以上愛される。レトロなパッケージのファンも多い。

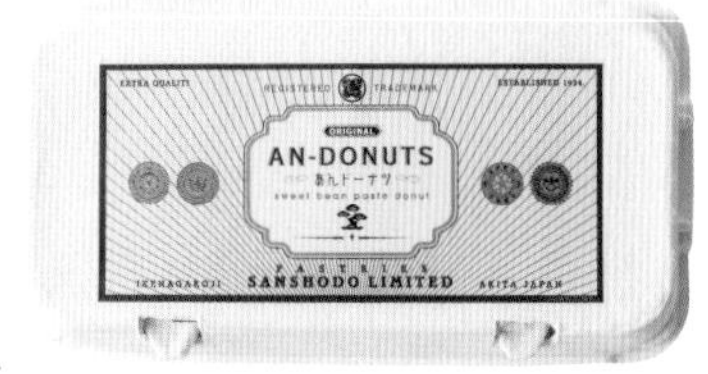

あんドーナツ

三松堂／秋田

卵パックのパッケージに、たまご型のこしあんのドーナツが。体積の7割近く、たっぷりのこしあんが詰まっているのが特徴的。和菓子店ならではで、あんの甘さの中に深みがある。

フライケーキ

福住フライケーキ／広島

アメリカ帰りのパン職人に師事した明治生まれの初代が、昭和22年に創業。菜種の白絞油で揚げることで生地が油を吸い込みすぎず、カラッと揚がる。中のこしあんもあっさり。

右ページの左下

ベビーあんドーナツ

三恵商事／埼玉

昭和38年の創業時からあんドーナツを作り続ける。直径2センチほどの一口サイズのドーナツは、40年以上かけて完成された、さっくりの生地とこしあんの絶妙なバランス。

右ページの左上

マンハッタン

リョーユーパン／福岡

九州のソウルフード。パン生地とビスケット生地、2層仕立ての少し硬めの生地に、チョコレートをコーティング。さっくりとした食感で歯切れがよく、1個でも十分な食べ応え。

右ページの中下

月寒ドーナツ

月寒あんぱん本舗 ほんま／北海道

昭和30年頃には店頭で販売されていたあんドーナツ。当時は手で包んで大きめの鍋で揚げていたそう。機械を導入した今もレシピは自家配合を貫く。

右ページの中

クリームあんドーナツ

わらく堂／北海道

ふわふわの生地の間に、なめらかなこしあんと、北海道産の生クリームを使ったホイップクリームをたっぷりサンド。ボリュームがあるけれどあっさりとした後味で1個ぺろり。

パン袋（紙袋、ビニール袋、包み紙）①

パンの思い出と共にいつまでも
大切にとっておきたい
紙、ビニール袋や包装紙たち。
パッケージにも店の物語が見える。

↑ニブベーカリー

↑ぱんのいえ

↑カトレア洋菓子店

↑梅原製パン

↑神戸ベーカリー 水木ロード店

↑タカセ

↑東京堂パン

↑ヨーロッパン キムラヤ

↑ケーキショップ テラサワ

↑ボン.千賀

↑神戸ベーカリー 水木ロード店

↑湘南堂

↑サンドウイッチパーラー・まつむら

Report

地元パン紀行
〜横須賀編〜

2

**古くからパン食文化が根付く
海軍都市・横須賀へ。
長く愛され続ける
ソウルフードを味わいに。**

江戸時代後期に、フランス人技術者の支援を受けて近代的造船所の横須賀製鉄所が横須賀に建設された。そのとき同行していた料理人から伝わったのがヨーロッパ式のパン。その後も海軍が脚気予防のためパン食を取り入れ、明治時代には次々と、パンとともに和洋菓子を作る店が開業している。パンと同時にカステラやシベリアなども盛んに製造されていたそうだ。

今も「ソフトフランス」や「ポテチパン」と、独自のパン食文化が根付く横須賀へ、パンの旅に向かった。

横須賀名物「ポテチパン」とともに、食パンも人気の「中井パン店」。

〒238-0014
神奈川県横須賀市三春町1丁目20
TEL／046-822-3567

上／ガラスケースの中に並ぶパンはどれも、愛情を込めて作られ、いい表情をしている。　下／横須賀で複数のパン屋が作る「ポテチパン」。食べ比べするのも楽しい。

中井パン店

上／角食パンやネジリパンと、多くが卵不使用。　中／売り場のすぐ後の、活気のある工場。次々パンが焼き上がる。　下／2代目・中井克行さん。

昭和28創業の ポテチパン発祥店

2代目店主が10代だった60年以上前。近所の菓子問屋が、一斗缶に入った売り物にならない割れたポテトチップスを携え、どうにかならないかと、先代の元へ相談にやってきた。そこで、ポテチに生キャベツと茹でたにんじんをマヨネーズを和えて、塩胡椒で味付けをしたものを、バンズ型のコッペパンにはさんだのが「ポテチパン」のはじまり。ポテトチップスは昔から、のり塩味を使用。その後、ポテチを扱う菓子問屋や、地元のパン組合の働きかけもあって、他のパン屋へも広がっていった。

私が訪れた日は食パンが予約ですでに完売。「コロッケパン」などの惣菜パンも、「ネジリパン」「三ツ網パン」といった菓子パンも、全てがいい顔。工場も売り場も活気があって、パンへの愛に溢れていた。

白ばらベーカリー

近所の高校生御用達
名物はメロンパン

創業は昭和28年。ケーキ職人だった初代が品評会に出品した際、バタークリームで絞ったバラの飾りが評判だったことから、店名に白バラの名を冠したそう。現在、祖父や父から続く味を受け継ぐのは3代目。さっくりとしたビスケット生地をまとった生地の中に、しっとりとした白あんを入れた「メロンパン」が名物だ。トーストしてもおいしい食パンや、親戚のおじさんが作ってくれた型に入れて焼き上げる、こしあん・いちごジャム・クリームの三味一体「3色パン」、そぼろをまぶしたコッペパンにミルククリームをはさんだ「エンゼルクリーム」と、そのほとんどが長年変わらず愛される。すぐ近くの県立横須賀高校では、購買での販売もおこない、卒業生は青春の味を求めて店に通い続けている。

左上／ガラスケースの中に並ぶパンを、対面販売するスタイル。　**右下**／すぐ近くに横須賀高校があり、購買でも販売している。店舗は15年ほど前に改装した。

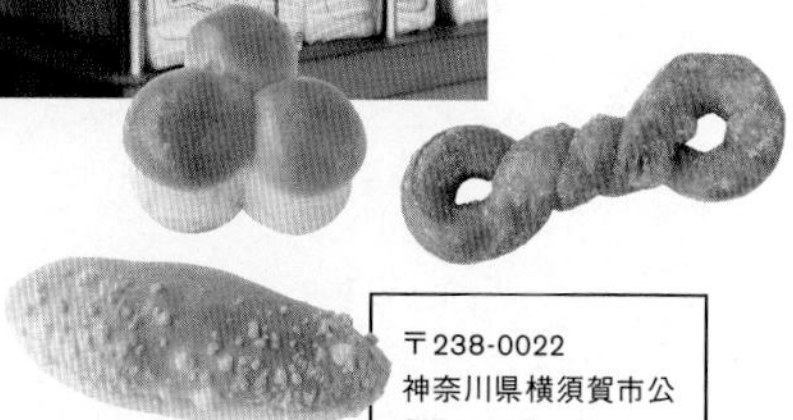

上／愛らしい袋に入った食パン。
下3点／「3色パン」「ねじりパン」「エンゼルクリーム」。

〒238-0022
神奈川県横須賀市公郷町３丁目103-8
TEL ／ 046-851-1717

ポテチのみを詰めて
ざくざくの食感に

初代は木村屋総本店での修行を経て、昭和13年に独立。現在は、2代目と3代目がともにパン作りをおこなう。仕込みを始めるのは深夜1時。惣菜パンの具材も全て自家製だ。

50年前に先代が考案した「ポテトチップサンド」の具材は、ほんのり甘い自家製マヨネーズと和えた、うすしお味のポテトチップスのみ。からしバターを塗ったコッペパンに挟み、パセリをのせている。野菜を入れていないから水分でふやけず、ポテチならではのざくざくとした食感が楽しめる。夏場に海の家などで販売するとき痛みにくいように、シンプルな素材に辿り着いたそうだ。

150年前にフランス人パン職人より伝わった横須賀独自のパン「ソフトフランス」を、「甘フランス」という名で販売している。

北原製パン所

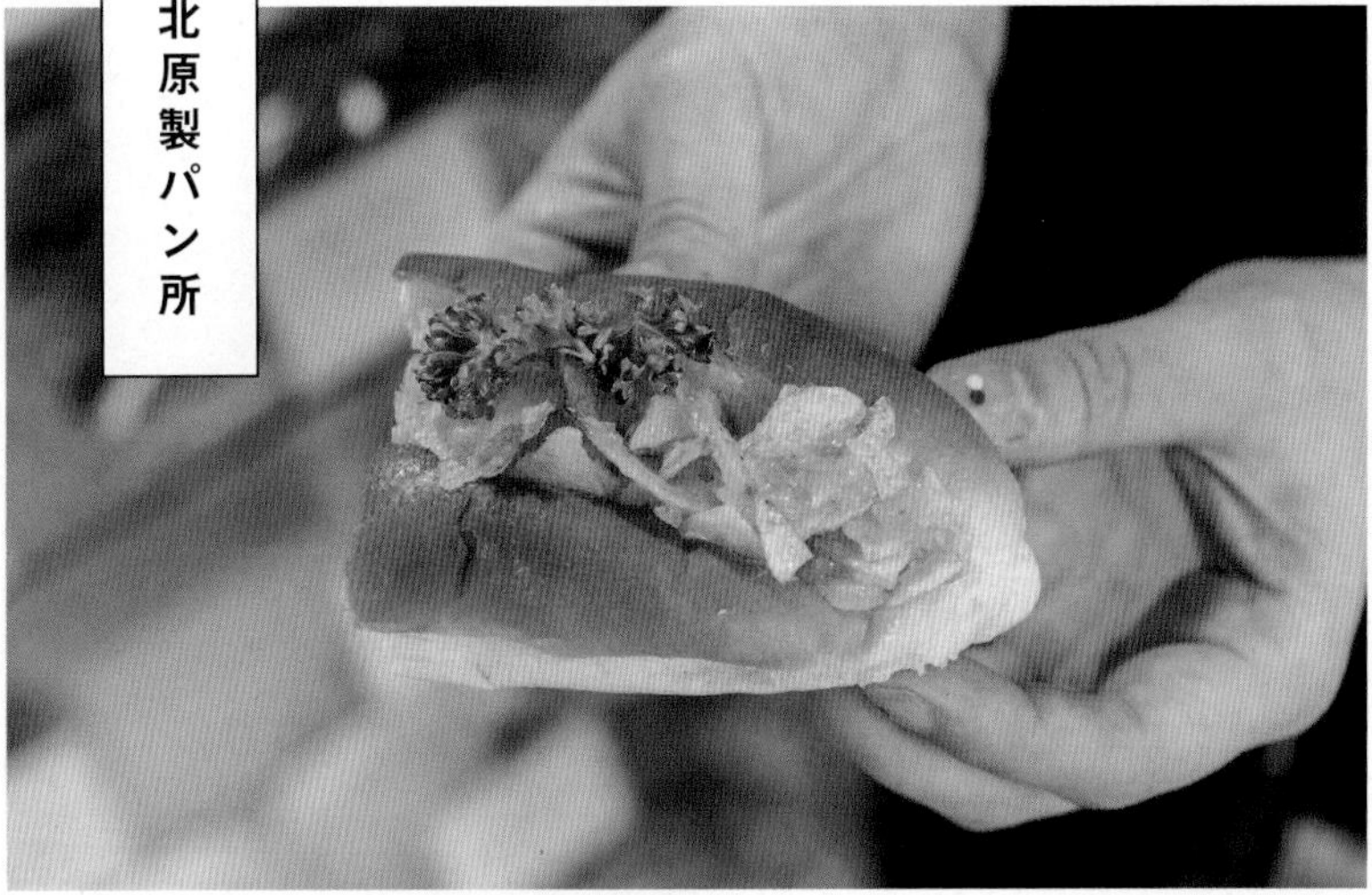

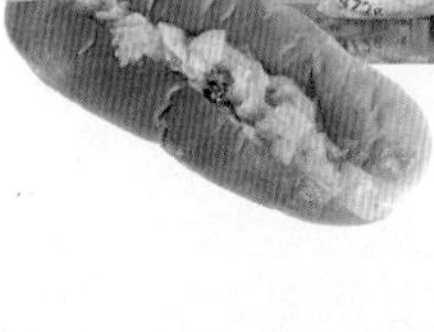

上／ポテチパンの具材はマヨネーズと和えたポテチのみ。**右下**／ポテチはカルビーのうすしお味を使用。　**左下**／ポテチパンは、近くの横須賀スタジアムや、学校・病院でも販売している。

〒237-0068
神奈川県横須賀市追浜本町1丁目3
TEL／046-865-2391

上／3代目夫婦と、以前は東京でエンジニアをしていたという4代目。 **右下**／国道16号線沿いの、歩道橋の真下にある店舗。 **左中**／角食パンの袋のデザインは初代の頃から変わらぬデザイン。 **左下**／横須賀のご当地パン「ソフトフランス」を「甘フランス」という名で販売。

上／テントの「パンとケーキ」は、昔、ケーキも販売していた名残り。店舗の裏に大きな工場が。　右下／ポテチパンのパンは甘めの味付け。

ワカフジベーカリー

上／惣菜パンから菓子パンまで、パンの種類が豊富。レトロな袋のデザインにも注目を。　左／餃子のあんに近い具材をパン生地につめた「餃子パン」。

「パン注」で知られた キャベツ入りポテチパン

昭和25年に、商売とは無縁だった当代の祖父母にあたる初代が、一念発起してパン屋を創業。当初は自転車やリヤカーで配達していた。学校給食を手がけたり、自衛隊の久里浜駐屯地にもパンを納め、地域共通の味として親しまれている。

約60年前に、菓子問屋から持ち込まれた割れたポテトチップスの救済策として始めた「ポテチパン」。やや甘めのパン生地に、三浦半島産の新鮮なキャベツと、うすしお味のポテトチップス、秘伝の特製マヨネーズをサンド。作りたてはポテチやキャベツの歯応えがあり、少し時間をおくと具とパンがしんなりなじむ。食べる人ごと、好みが分かれるのもおもしろいところ。中学校で給食代わりにパンを注文する横須賀の「パン注」文化でも親しまれていた。

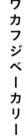

右上／ポテトチップスは、いろいろな種類を試した上で、小池屋のうすしお味を使用している。　**左上2点**／歯応えが残るよう、ざっくりカットした新鮮なキャベツに、やさしくポテチを混ぜ合わせる。最後に和えるマヨネーズは自家製。**下**／ポテチパンはだいたい、午前中に2回に分けて作るが、夕方までに売り切れることも多い。

〒239-0805
神奈川県横須賀市舟倉1-15-8
TEL／046-835-0548

横須賀の歴史とつながる元祖フランスパン

幕末に横須賀製鉄所でフランス人技術士から造船技術の指導を仰いだ際、ともに伝わったのが堅焼きのバゲット。それを日本人パン職人が食べやすいように丸型に形成し、表面に白い粉をつけて柔らかい生地にアレンジ。横須賀では「ソフトフランス」という愛称で呼ばれ、長く親しまれてきた。当時の職人からフランスパンの作り方を学び、昭和3年に創業したのが「横須賀ベーカリー」。

もちろん看板商品は「元祖フランスパン」。シンプルにそのままでも販売しているけれど、半分に切ったソフトフランスの中に、あんこ、ジャム、クリームなどの甘いのや、コロッケ、たまごサラダと惣菜を挟んだアレンジパンも人気が高い。昭和初期から作られている大ぶりの「シベリア」と合わせて愛される。

横須賀ベーカリー

〒238-0007
神奈川県横須賀市若松町３丁目11
TEL／090-2148-2279

右上／看板に「元祖フランスパン」の文字。横須賀っ子には「ソフトフランス」と親しまれる。　**左上**／店内には、プレーンから、甘いおやつ系、惣菜系と、ソフトフランスがぎっしり。　**右下**／プレーンと、ジャム入りソフトフランス。

京急横須賀中央駅の東口商店街の中にある店舗。開店時間からひっきりなしに人が訪れる。

第4章

地元で愛される名物パン

昔からその場所・地域だけに存在する、文化や風習に根差した名物パンがある。人々の暮らしに深く結びついた、独特な存在感を持つ地元パンたち。

ホワイトサンド

パンあづま屋／石川

地元の学校給食も手がけるあづま屋。こちらは2枚の食パンに牛乳風味のバタークリームをサンドしたものが1袋に2セット入る。70年変わらぬ懐かしい袋絵。Tシャツもつくられるほど地元で愛される。

ホワイトサンド

佐野屋製菓製パン／石川

金沢の製粉会社が作る高級小麦粉・ローランドを使って焼き上げた食パンを2枚合わせて、バタークリームを挟んだのがホワイトサンド。その他にも、ジャム、バター、クリーム、チョコなども。店の創業は昭和30年。

下

ホワイトパン

多間本家／石川

午前中はパンをつくり、午後は和菓子を製造する、いも菓子が名物の90年の老舗。給食パンも手がける。他店のホワイトサンドは角食が多いのに対し、こちらはふかふかの山食にバタークリームをはさむ。

上

ホワイトサンド

ブランジェタカマツ／石川

石川県の多くのパン屋でつくられるホワイトサンド。食パンに店それぞれのホワイトクリームが塗られる。こちらは1袋に2枚合わせの食パンが2セット（計4枚）入ってボリュームたっぷり。

上と右

ぼうしパン

ヤマテパン／高知

高知県内のほとんどの製パン会社がつくるぼうしパン。まるいパンにカステラ生地をかぶせて焼き上げる。やなせたかしデザインのキャラクター・ぼうしパンくんのシール付きパッケージもある。　※現在の価格は139円＋税

帽子パン

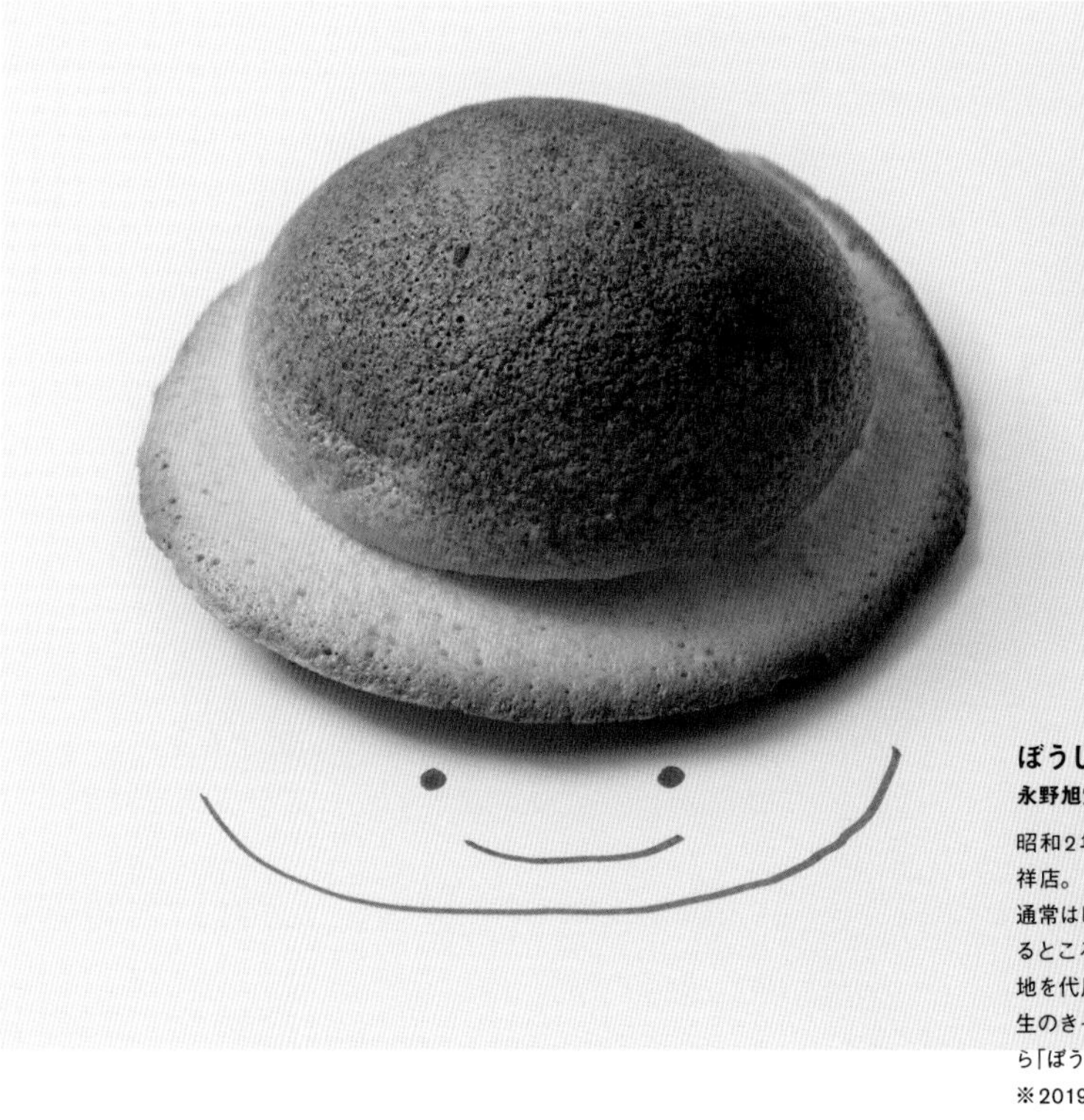

ぼうしパン

永野旭堂本店／高知

昭和2年創業の帽子パン発祥店。メロンパンを焼く際、通常はビスケット生地をかけるところ、試しにカステラ生地を代用してみたことが、誕生のきっかけ。客がその形から「ぼうしパン」と呼び出した。
※2019年閉業

クリームボックス
なかやパン店／福島

昭和50年代から郡山市内のパン屋がつくりはじめるようになったクリームボックス。小型の食パンに、ミルク味のクリームをぷっくり盛り上がるほど塗っている。学校の購買やスーパーでも販売。

クリームボックス

上と左

クリームボックス
大友パン店／福島

郡山市最古の大正13年創業。もっちりとした小型ミルク食パンに、生クリーム・牛乳・砂糖でシンプルに仕上げたクリームと、地元・酪王乳業の酪王カフェオレを使ったクリームをたっぷりとのせている。

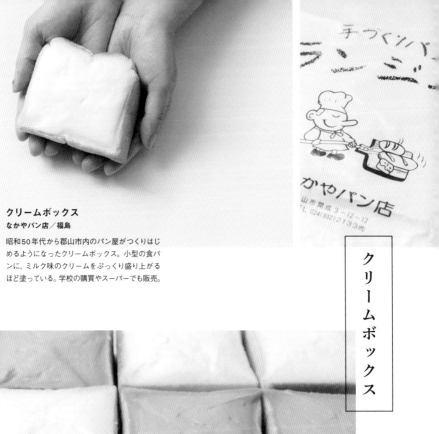

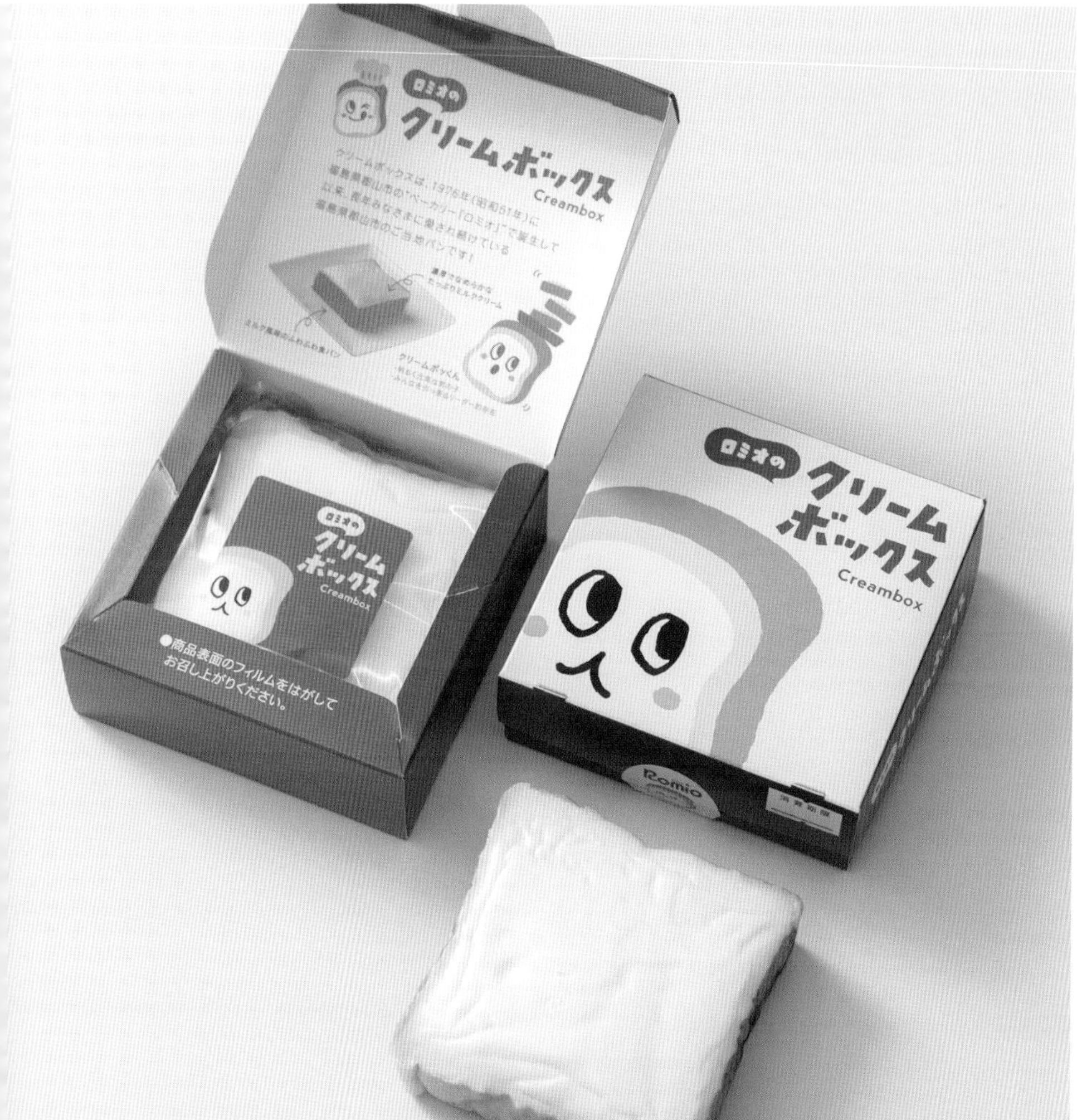

ロミオのクリームボックス
ロミオ／福島

もっちりふわふわでミルク風味の食パンを厚く切り、濃厚でコクがありながら後味あっさりのミルククリームをたっぷりのせた、郡山のソウルフード「クリームボックス」の元祖。最初に発売されたのは昭和51年。　※写真は「のもの 東京駅グランスタ丸の内店」、「三万石 郡山おみやげ館」（郡山駅構内）、「三万石 エスパルいわき店」（いわき駅直結）の限定パッケージ

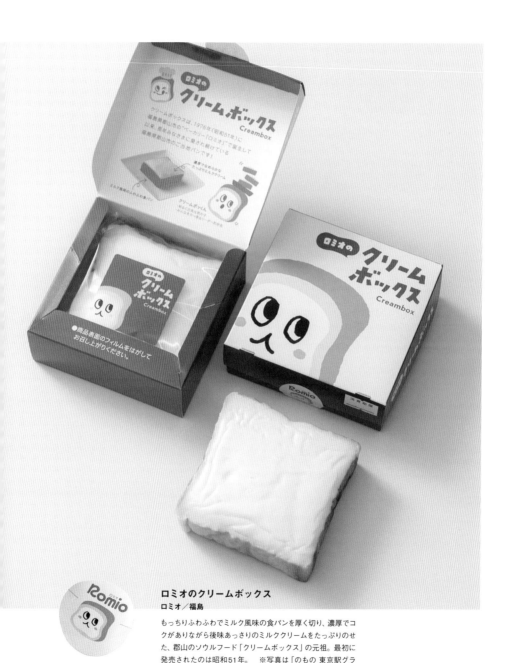

牛乳パン

牛乳パン

ブーランジェリーナカムラ／長野

長野県内や新潟県の一部のパン屋で定番的につくられる牛乳パン。以前、大学が調査にきたが発祥は不明だそう。先々代の時代（80～90年前）から続く味。厚焼きパンに砂糖入りのクリームをサンド。

牛乳パン

いのや商店／新潟

昭和になり牛乳の消費量増加にともない製造店が増えたともいわれる牛乳パン。多くの店が白地にレトロな絵の袋を使用しているのも特徴。いのや商店ではこの絵のTシャツやタオルも販売している。

牛乳パン
コーヒー牛乳パン

かねまるパン店／長野

牛乳パンを最初に作り、乳白色の袋に男子を描いたパッケージの元祖と言われる、昭和27年創業のパン店。絵のモデルは当時2歳だった創業者の息子。厚いパンに自家製バタークリームをサンド。三角形のコーヒー牛乳味もある。

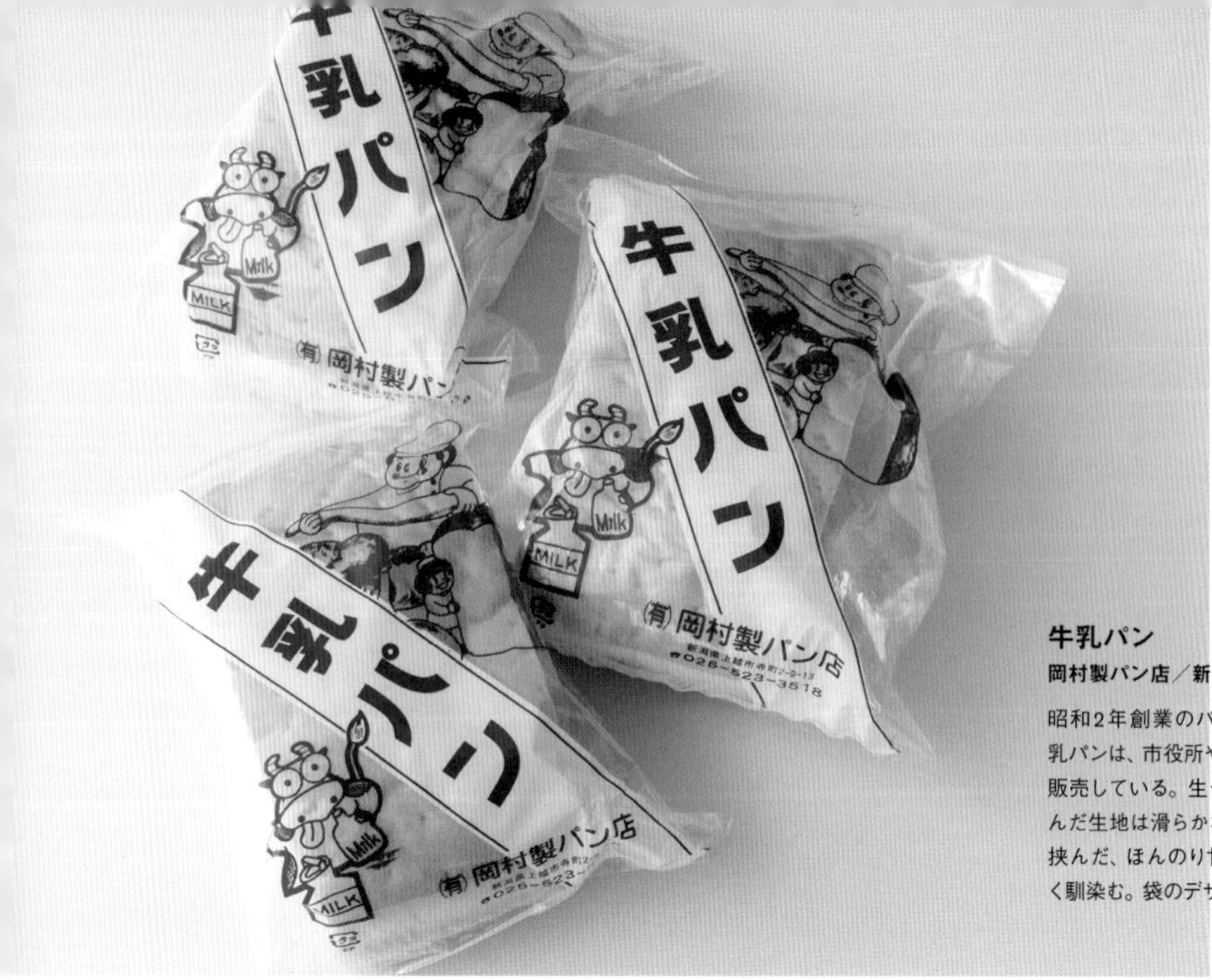

牛乳パン

岡村製パン店／新潟

昭和2年創業のパン屋。人気の牛乳パンは、市役所や地域の病院でも販売している。生クリームを練り込んだ生地は滑らかな口当たり。中に挟んだ、ほんのり甘いクリームとよく馴染む。袋のデザインがユニーク。

左

牛乳パン

中村屋パン店／長野

パンの時代の到来を見込んで昭和28年に創業したパン店。この店の牛乳パンは、しっとり柔らかな食パン生地にレーズンが入っているのが特徴的。後味あっさりのバタークリームとよく馴染む。

右

牛乳パン

辰野製パン工場／長野

昭和33年より、学校給食や病院のパンを手がけ地域を支えてきたパン屋の名物。牛を描いた乳白色の袋の中には、ほんのり洋酒が香るコクのあるホイップクリームを挟んだ、しっとりふかふかで甘めのパンが。

牛乳パン

モンパルノ／長野

ふかふか厚く女性の手のひらよりも大きく、四角くカットされた牛乳パン。中央にはさまっているのはミルククリーム。こちらでは甘みを抑え軽い仕上げに。昭和25年創業の老舗のロングセラー。　※現在は閉業

頭脳パン
頭脳パン連盟

頭脳パン

頭脳パン

佐野屋製菓製パン／石川

頭脳パン発祥地と言われる石川県。金沢市の金沢製粉が製造する頭脳粉を使ってつくられる。こちらはレーズン入り。袋に描かれているのは、現在活動を休止している「頭脳パン連盟」のキャラクター。

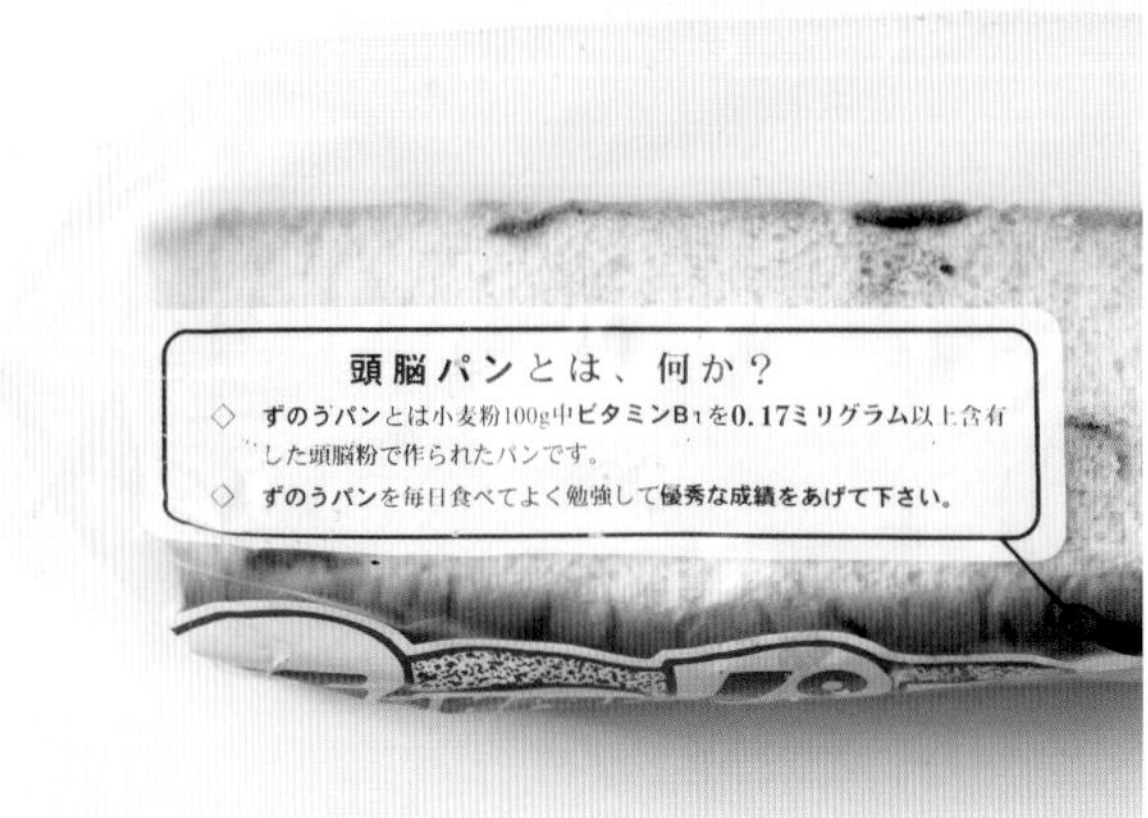
頭脳パンとは、何か？
◇ ずのうパンとは小麦粉100g中ビタミンB1を0.17ミリグラム以上含有した頭脳粉で作られたパンです。
◇ ずのうパンを毎日食べてよく勉強して優秀な成績をあげて下さい。

頭脳パン

矢嶋製パン／長野

「いい顔揃いのパン屋さん」でも紹介している矢嶋製パン。先々代が戦後に復員し、せんべい屋をはじめたあと、製パン業に転業。コッペパンに、鮮やかな赤色のりんごジャムを塗っている。

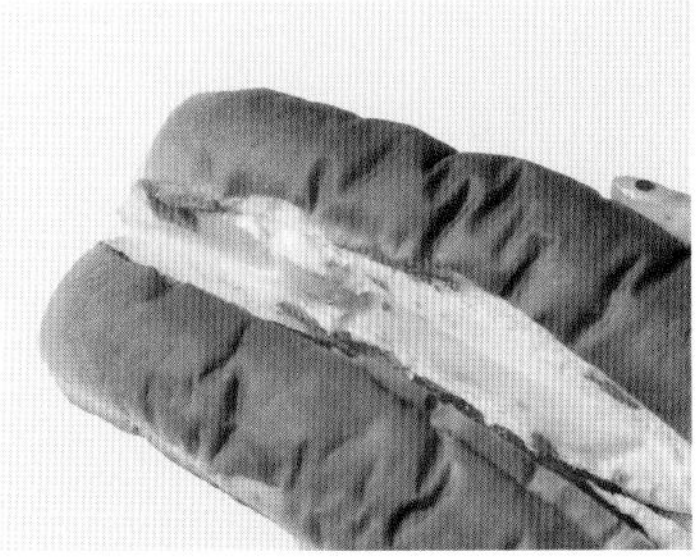

頭脳パン（ミルク）

伊藤製パン／埼玉

慶応大学教授・林髞の学説で開発された頭脳粉入りのコッペパンに、ミルククリームをサンド。平成4年の発売以来、受験生の願掛けや勉強のお供に学校売店や大学生協で人気。季節ごと新商品も登場。　※2022年10月末で終売

頭脳パン 小倉＆ネオ

中村屋パン店／長野

金沢製粉の「頭脳粉」を使って頭脳パンを製造する、長野県で唯一の店。コッペパン型のパンの上部を2箇所カットし、小倉あんとマーガリンをサンド。ペーストの種類は他にも、ジャムやいろいろなクリームがある。

バラパン

なんぽうパン／島根

昭和24年頃、バラを見た職人がこんな愛らしいパンをつくりたいと考案。薄く細長く焼いたふかふかの生地に昔と変わらぬクリームを塗り、くるくる巻いて花の形に。抹茶やコーヒー味もある。

バラパン

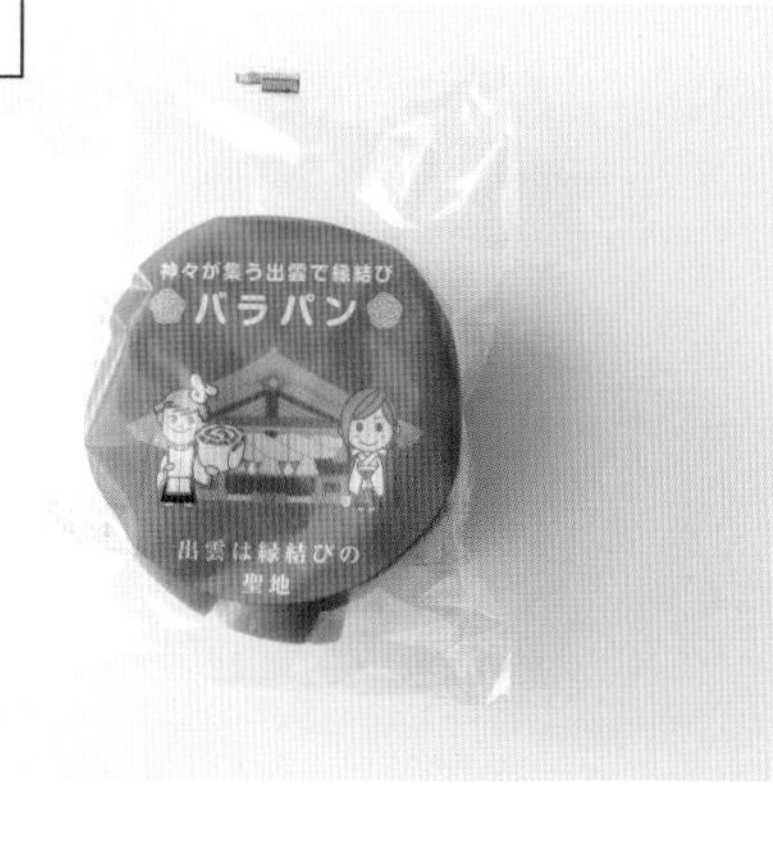

木村家ROSE

木村家製パン／島根

島根県パン工業会が実施した講習会でバラパンが紹介されたことで、一時期島根県内に広く普及したが、今では数軒がつくるのみ。昭和23年創業のこちらにはプレーンの他、いちごミルク味もある。

フラワーブレッド バラ

マルキン製パン工場／香川

「日本バラパン友の会」が発足するほど、ファンの多いロマンチックなパン。こちらは涼しい時期になるとパンの上にホワイトチョコレートをコーティング。中身は軽い自家製バタークリーム。　※現在は閉業

みそパン

元祖みそパン

シャロン伏見屋／群馬

群馬のソウルフード・みそパンの発祥店。江戸時代に創業し、焼きまんじゅう屋だった時代も。昭和40年代におやきをヒントにみそパンを考案。ふんわり生地に、赤みそと黒糖を使った甘じょっぱいタレをサンド。

サンドパン

下

サンドパン

スペイン石窯 パンのカブト／新潟

新潟ではバタークリームを塗ったコッペパンをサンドパンと呼び複数の店が製造。戦前創業のカブトでは、ふっかふかのコッペパンに口溶けのよい自家製クリームをはさむ。昭和20年代からの看板商品。

中

サンドパン

岡村製パン店／新潟

しっかりとした噛みごたえのコッペパン生地に、ふんわりホイップしたバタークリームを挟んだサンドパン。似たようなパンで、コッペパンにクリームと苺逆を挟んだ「ミックススクールパン」なるものもある。

上

サンドパン

小竹製菓／新潟

大正13年に和菓子店として創業。戦後に、寒冷地・新潟県ならではの甘いバタークリームをコッペパンに挟んだのが始まり。生地は引きが強く、ふんわりもっちりの食感。2日間かけて作りるクリームは口溶け抜群。

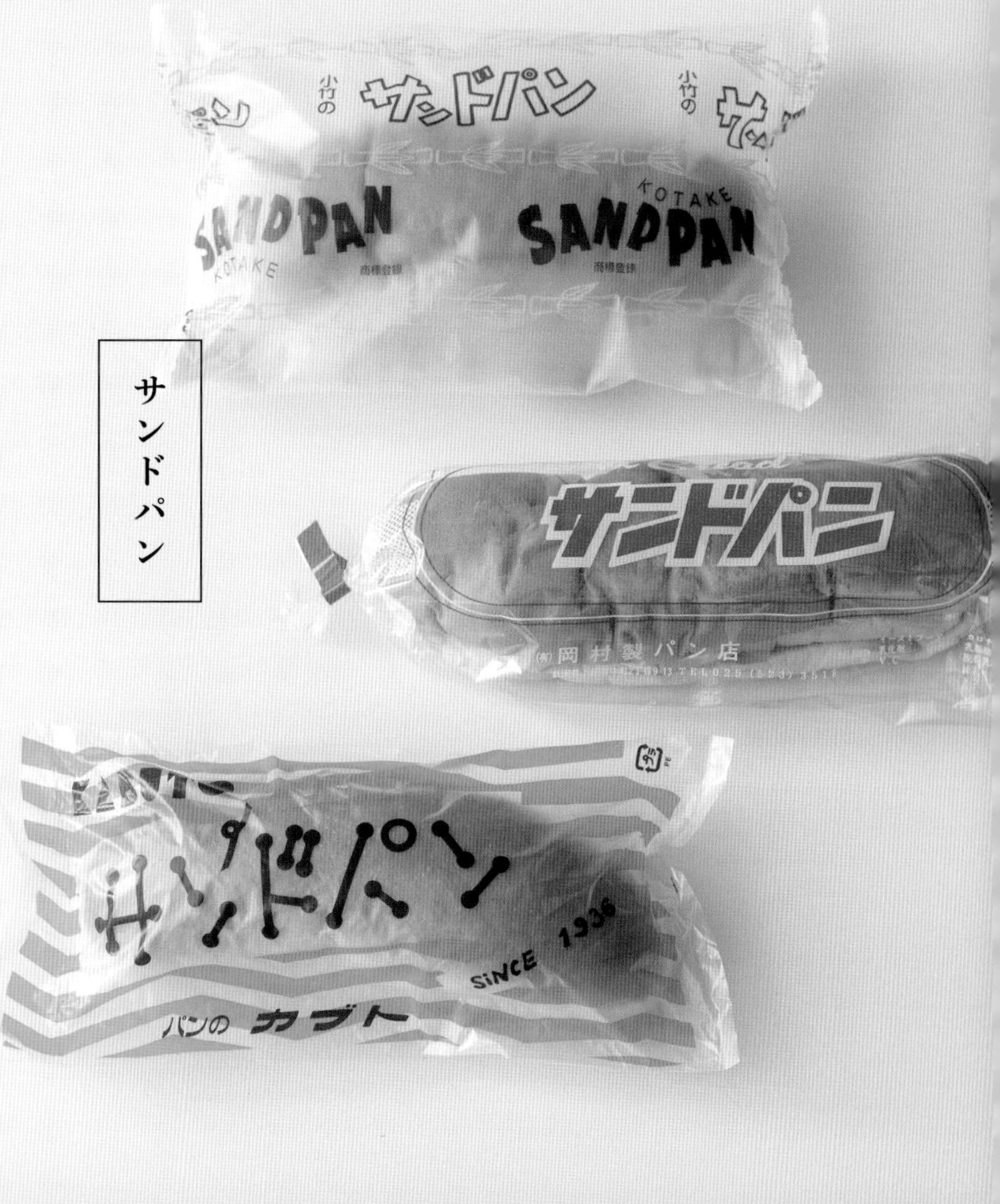

法事パン

YKマツヤ／島根

大正5年に松江市で最初にパンを製造した製パン会社。昔は法事の際に饅頭が配られていたところ、昭和40年頃から、「ぜんざい餅」発祥の島根に根付くあんこを使ったあんぱんが配られ、種類も増えていったそう。

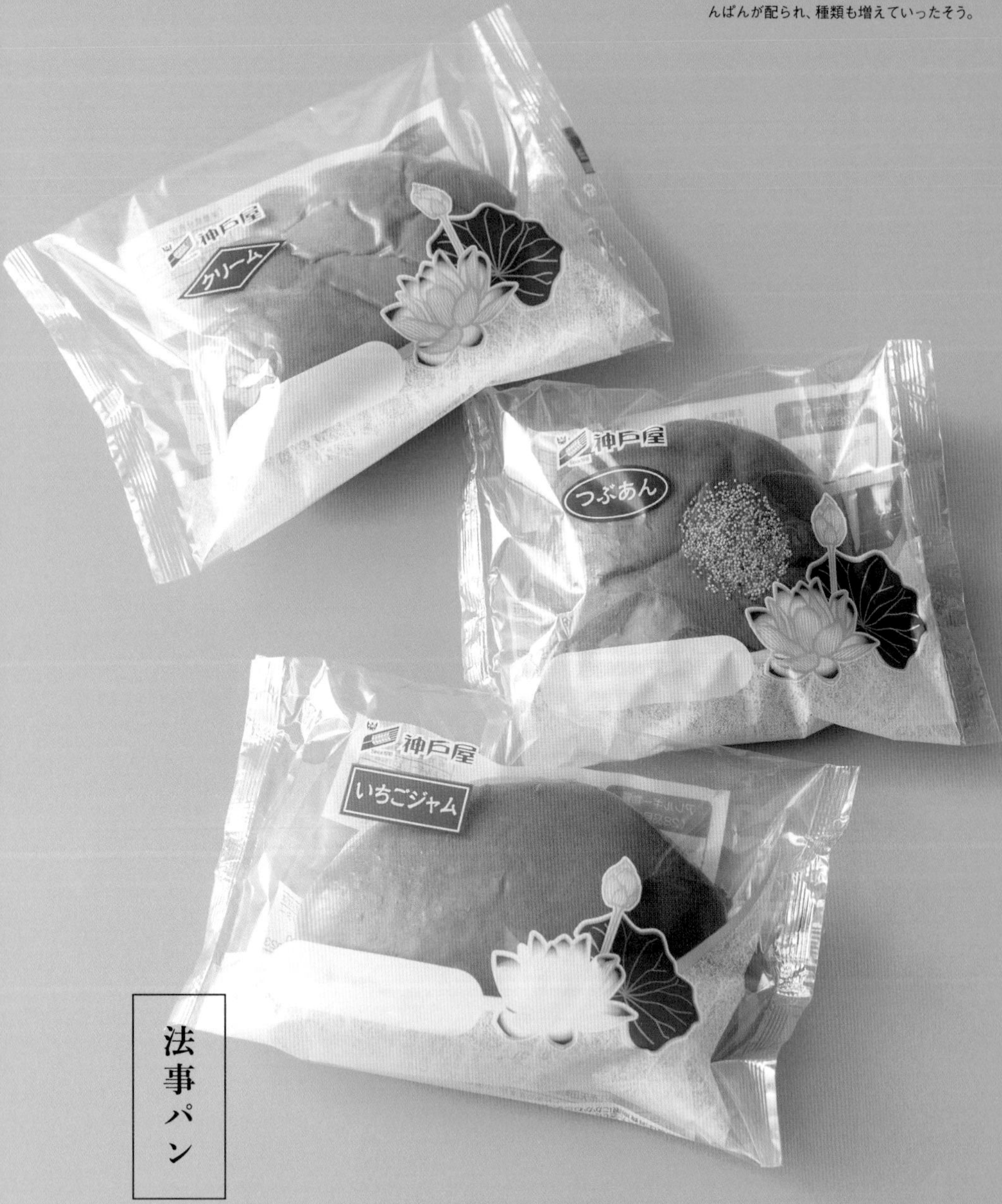

法事パン

法事パンセット

PANTOGRAPH／島根

法事の引き出物にパンを配る風習がある島根県。大正時代から製パン業を営む老舗の4代目が作る法事パンセット。種類は、こしあんパン、粒あんパン、メロンパン。小豆はオーガニックを使用。

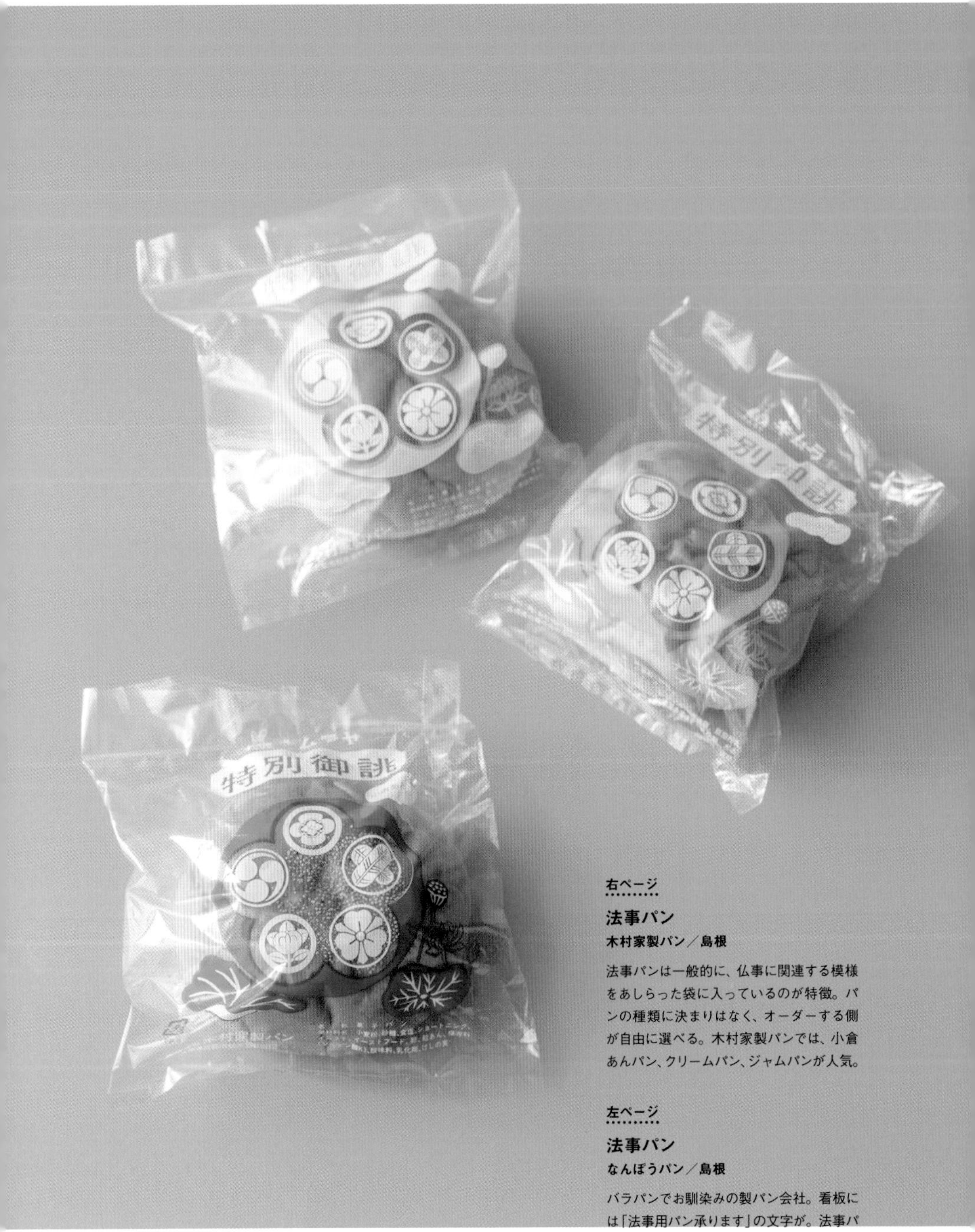

右ページ

法事パン

木村家製パン／島根

法事パンは一般的に、仏事に関連する模様をあしらった袋に入っているのが特徴。パンの種類に決まりはなく、オーダーする側が自由に選べる。木村家製パンでは、小倉あんパン、クリームパン、ジャムパンが人気。

左ページ

法事パン

なんぼうパン／島根

バラパンでお馴染みの製パン会社。看板には「法事用パン承ります」の文字が。法事パン用の袋に入った、あんパン、クリームパン、メロンパンなどの他に、通常のパッケージのバラパンをオーダーする人も多い。

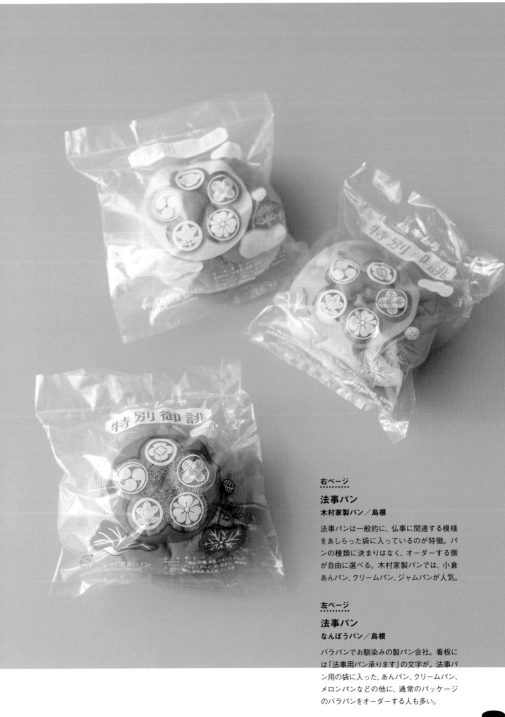

特別
御誂パン

パン袋（紙袋、ビニール袋、包み紙）②

パンの思い出と共にいつまでも
大切にとっておきたい
紙、ビニール袋や包装紙たち。
パッケージにも店の物語が見える。

↑島地屋餅店

↑プレセンテ

↑あんですMATOBA

↑リバティ

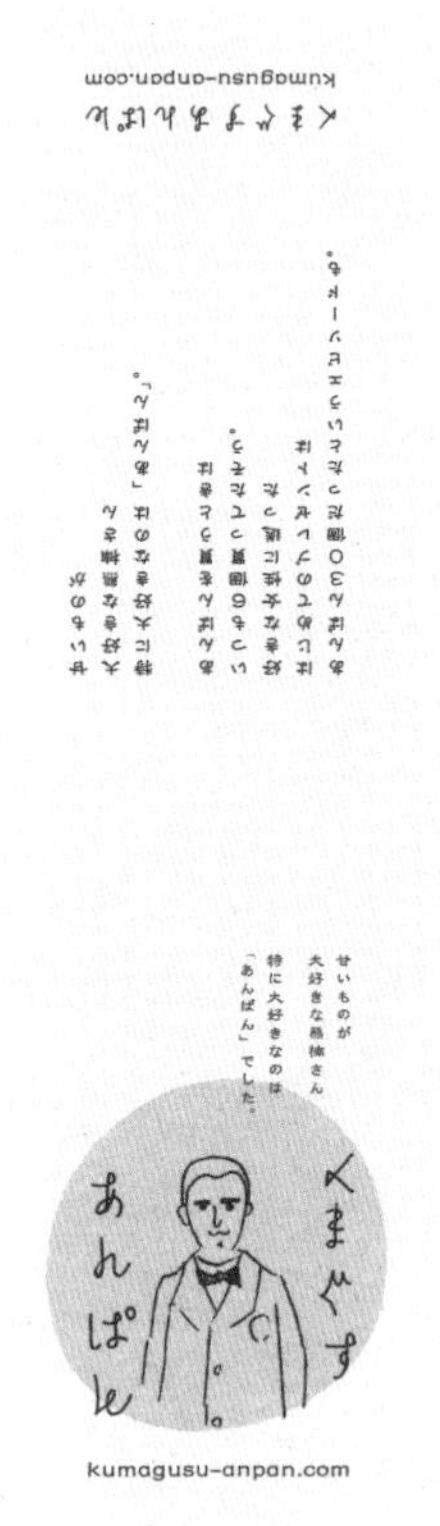

↑ララ・ロカレ

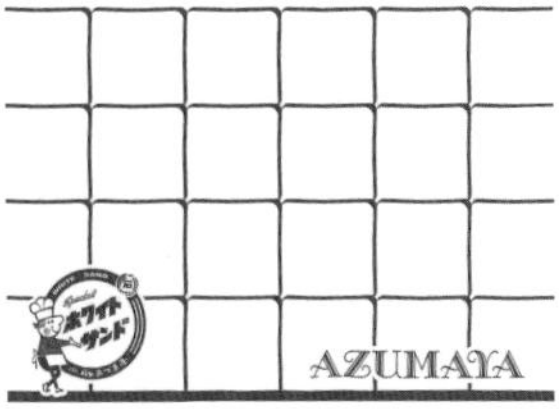

↑パンあづま屋

↑新田製パン

↑ペリカン

↑ヌベールおかむら

↑新宿中村屋

↑ヤマダベーカリー

↑三葉屋

甲斐みのりのパン日記

地元パン採集を始めて18年弱。一個人の客としてひたすら店を訪ね、その土地ならではのパンを味わい、愛で続ける日々の旅記録。

パン日記

普段の暮らしも旅先でも、パンとともに生きる日々。日常の記録を「パン日記」と題して、スナップ写真の一部をご紹介。

〈奈良ホテル〉の朝食では、トーストがパンスタンドに。

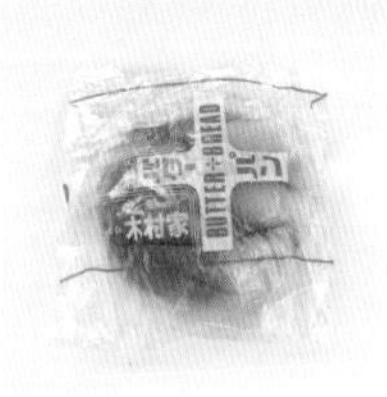

朝食にもお土産にも。和歌山・田辺〈木村家〉の「バターパン」。

三角形が美しい、〈奈良ホテル〉の朝食のフレンチトースト。

名古屋の喫茶店で使用される定番のパンは、〈本間製パン〉。

昭和21年から世田谷で愛される、駒澤大学〈パオン昭月〉。

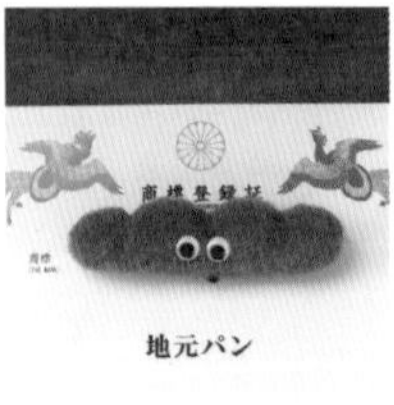

「地元パン」を商標登録。大切に守っていきたいパンへの愛。

宮崎駿監督も通ったという、広島・鞆の浦〈村上製パン所〉。

〈村上製パン所〉でどっさりパンを買い込んで、旅の続きへ。

大正11年創業、京都〈天狗堂海野製パン所〉のパン型看板。

監修するカプセルトイシリーズ「地元パン ミニミニスクイーズ」。

帰省のたび購入する、静岡〈バンデロール〉の「のっぽパン」。

行きつけのサンドイッチ店、東京・阿佐ヶ谷〈サンドーレ〉。

〈天狗堂〉の「カステラパン」。他に「ピーナッツパン」もある。

収集しているパンコレクションを、パンイベントの会場に展示。

いい店構え。大正15年からの歴史がある茨城〈水戸木村屋〉。

散歩の途中に立ち寄った、東京・野方〈エスポワール〉で購入。

岐阜・美濃〈神田屋〉。左のパンは「バナナ・ド・生」。

宮崎・日南市〈みうらベーカリー〉。キツネのパンにほくほく。

福岡〈ナガタパン 箱崎店〉では、「練乳パン」をまとめ買い。

石川・加賀の温泉街で見つけた〈カワギシベーカリー〉のパン。

京都〈白川製パン〉の食パンは全国にファンがいるほどの人気。

建物が山食の形！ 和歌山〈焼きたてのパンの店 ローマ〉。

熊本〈アンゼェラス・松石パン〉で人気の「スライスサンド」。

北海道で発見、〈イズヤパン〉の「バタークリームステッキ」。

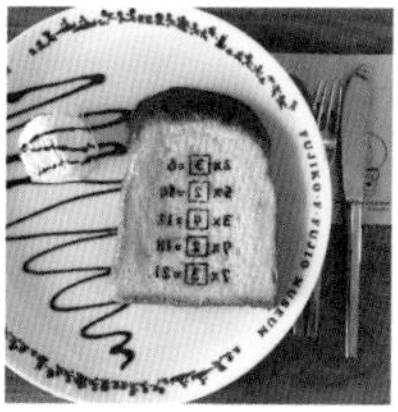

〈藤子・F・不二雄ミュージアム〉カフェで、アンキパンを。

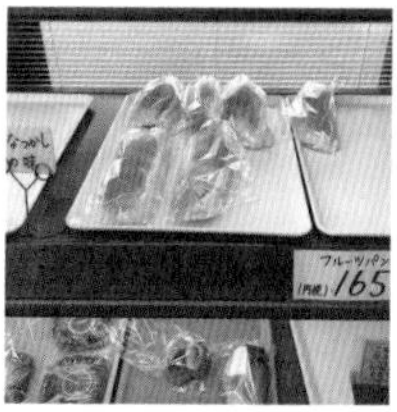

和歌山〈ローマ〉では、「フルーツパン」などのパンを購入。

千葉での仕事帰りに〈マロンド〉でパンを買って帰る楽しみ。

京都〈まるき製パン所〉。「ニューバード」や「シスター」を。

「いい顔」と表したくなる絵になる店構え。横須賀の〈浜田屋〉。

佐賀〈江頭製パン kusu kusu〉の「昭和の江頭メロンパン」。

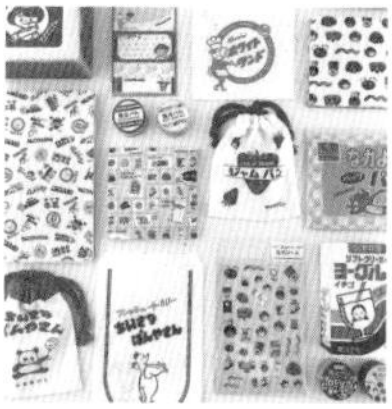

監修を手がける、フロンティアの「地元パン文具」シリーズ。

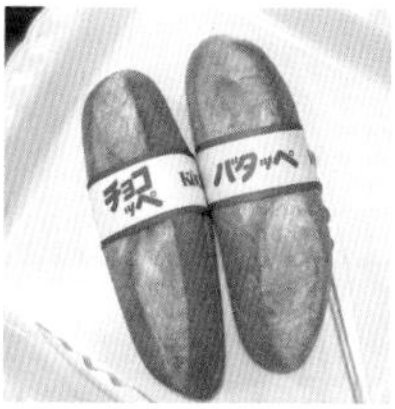

神戸〈ケルン〉の「チョコッペ」と「バタッペ」をセットで。

東京〈ゴルサム金子屋ベーカリー〉で遭遇「ザリガニコロネ」。

松本の旅から大切に持ち帰った〈小松パン店〉の食パン。

一度は閉業したものの、復活した京成曳舟〈ハト屋パン店〉。

沖縄〈シーサイド ドライブイン〉で愛される「ステーキサンド」。

「生クリームコロネ」で知られる、浅草〈テラサワ〉。

神戸〈トアロードデリカテッセン〉、サンドイッチルームにて。

味のある看板と、いい店名。東京・南阿佐ヶ谷の〈好味屋〉。

静岡の海辺のベンチ。〈梅原製パン〉のパンで昼食の時間。

静岡〈梅原製パン〉の工場直売店〈ちいさなぱんやさん〉へ。

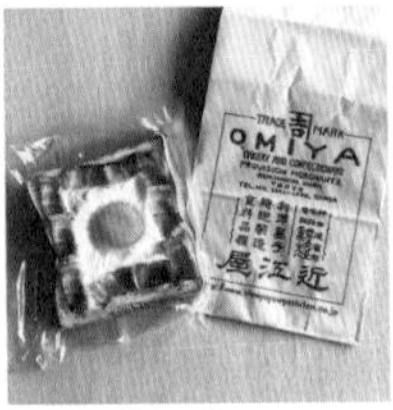

100年の老舗・東京〈近江屋洋菓子店〉の「フレンチトースト」。

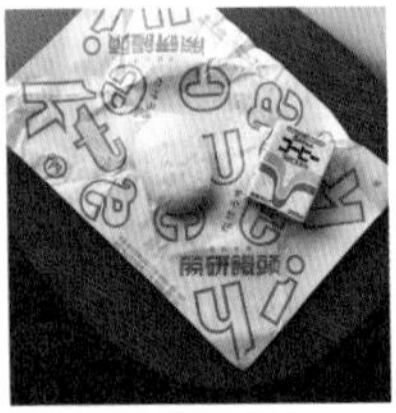

松山の朝。〈労研饅頭たけうち〉の蒸しパンを、ホテルの部屋で。

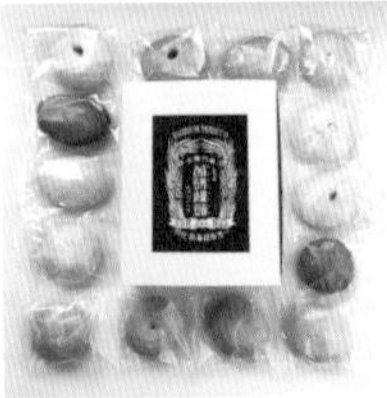

冷凍便でお取り寄せもできる、愛媛〈労研饅頭たけうち〉。

三ノ輪橋〈ポエシー〉。「チョココロネ」のお尻にコアラが！

宮崎・川南町〈オルキデ〉の、どっしり大きなフルーツサンド。

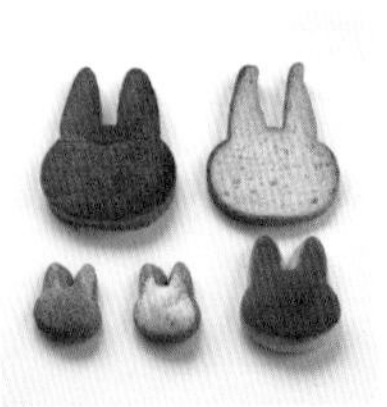

新高円寺〈ベーカリー兎座Lepus〉の、うさぎパンいろいろ。

神戸〈欧風料理もん〉の「ビーフカツサンドウイッチ」。

栃木・足利〈福地製パン〉で、揚げたての「あげパン」を。

京都〈ヤマダベーカリー〉。いろいろな種類がある「動物パン」。

和歌山・新宮〈南海堂〉の「トーストパン」と「熊野UFOパイ」。

名古屋〈プレジャパーティー〉。エッグトーストと小倉トースト。

カードやバッグを作るほど、大好きな西荻窪〈しみずや〉。

東京・町屋〈ラッキーベーカリー〉より2種食パンを持ち帰る。

九州でも乳白色の袋を発見。大分〈岸田パン〉の「牛乳パン」。

大宮での取材の帰りに、〈サイトウパン店〉まで足をのばす。

西荻窪〈しみずや〉にて、「くまサブレ」の製造を特別に見学。

奈良旅の雑誌特集で、〈ベーカリーフジタ〉を取材したとき。

京都〈サンドイッチのタナカ〉の定番「フルーツサンド」。

熊本・天草〈キムラパン〉。朝一番に、朝食を買いに。

あんぱん専門店〈あんですMATOBA〉目指して浅草まで。

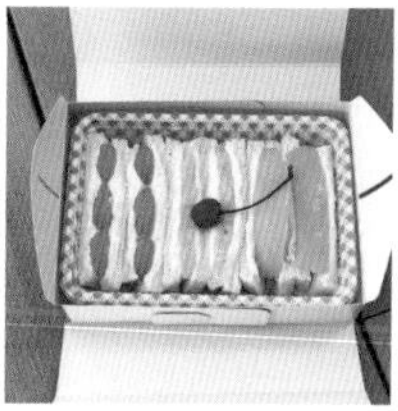

なんたる愛らしさ！ 大分〈五車堂〉の「フルーツサンド」。

小倉で40年以上続くサンドイッチの名店〈OCM〉で昼食を。

京都〈大正製パン所〉で選んだのは、「フラワーサンド」。

神戸の友人からの贈り物、〈田中屋本店〉のパンどっさり。

大分〈五車堂〉は昔ながらの洋食店。サンドイッチが豊富に。

食パンで「かおパン」を作る、ワークショップを企画・開催。

福岡〈やおきパン〉では、シュークリームとエクレアを購入。

パンに「ちゃん」や「くん」を付ける、岐阜〈サカエパン〉。

京都〈マンハッタン〉の「あんバタ」。フランスパン×粒あん。

gochisou×ロル、静岡のパン布地で作った世界に1枚のスカート。

宮崎・日南〈水脇〉では、卵とキャベツの「サラダパン」を。

「ジャンボコロッケパン」を買うために、三ノ輪橋〈青木屋〉。

福岡・北九州〈シロヤ〉で大人気の練乳パン「サニーパン」。

千葉〈パルテノン〉の、「海苔巻きパン」や、クリームパン。

東京・三ノ輪橋〈オオムラパン〉まで、コロッケパンを買いに。

宮崎・日南〈木村家パン〉。他に「マヨネーズパン」も購入。

宮崎〈木村家パン〉。本当は買ってみたかった「高級食パン」。

青空の下で食べた、〈からつバーガー〉の「チーズバーガー」。

偶然見つけて引き返した、バスが店舗の佐賀〈からつバーガー〉。

帯広〈ますやパン〉。「白スパサンド」と「ナポリタンサンド」。

ふんわり軽やかなクリームを挟んだ長野〈若久堂〉の牛乳パン。

木曽福島〈かねまるパン店〉で、創業者のお母さんにご挨拶。

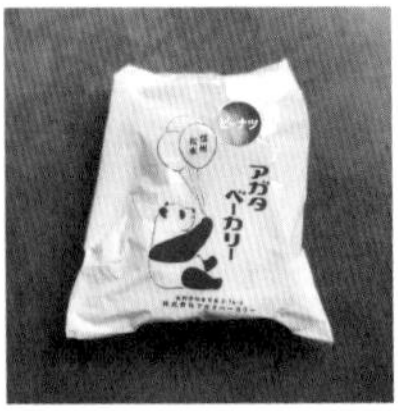

袋にはパンダの絵。松本〈アガタベーカリー〉の牛乳パン。

濃厚なミルクの風味。上田〈ササザワベーカリー〉の牛乳パン。

早起きした日は、上井草〈カリーナ〉へ朝食を買いに出かける。

京都〈柳月堂〉の「クリームチーズくるみパン」。大好物。

朝一番から〈フロイン堂〉でパン作りを取材する、幸せな日。

神戸〈フロイン堂〉のレンガ窯。戦時中から大切に使い続ける。

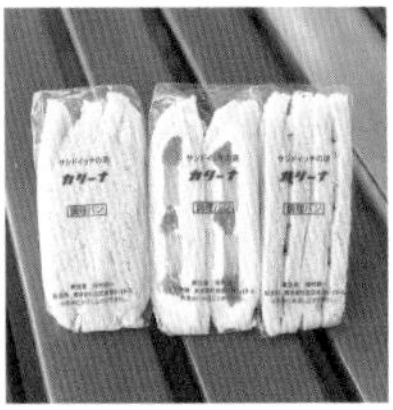

〈カリーナ〉のサンドイッチを味わった日は、一日中幸せ。

東京・浜田山〈ムッシュ・ソレイユ〉でも牛乳パンを販売。

長野県のアンテナショップでも、いろいろな牛乳パンを購入可能。

長野へ牛乳パンの旅。そのとき立ち寄った〈小林製菓舗〉。

クリームたっぷり、松本〈小松パン店〉の「牛乳パン」。

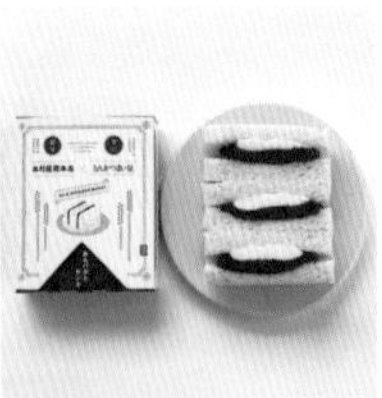

〈木村屋總本店〉×〈とんかつまい泉〉の「あんバターサンド」。

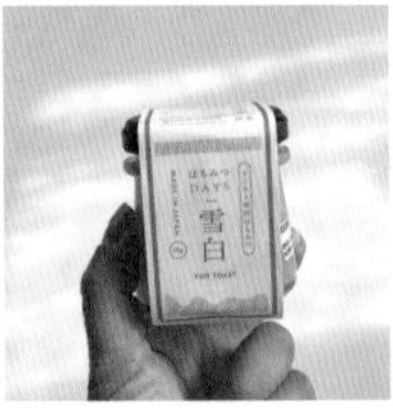

岐阜〈秋田屋〉の「雪白」は、トースト専用のはちみつバター。

〈エビスパン〉で買ったパンを携え、公園でひと休み。

テレビの取材で、長野〈エビスパン〉。牛乳パン作りを見学。

明治36年創業、和歌山〈ナカタのパン〉のパンいろいろ。

京都・吉田山の山頂にあるカフェ〈茂庵〉のフルーツサンド。

新潟〈冨士屋〉で、「カステラパン」を買って、海辺でおやつ。

本駒込〈オリンピックパン〉で、「シベリア」と「たまごパン」。

うどん、アイスキャンディー、パンも扱う、福岡〈かどや食堂〉。

バルミューダのチーズトーストモードを使って朝食の準備。

バルミューダのトースターを導入して、トースト生活が充実。

仙台〈広進堂〉でおみやげに求めた、パンダのクッキー。

監修した、ケンエレファントの「どうぶつぱんマグネット」。

富士宮〈土井ファーム〉。牧場で焼き上げられる食パン。

新宿〈珈琲西武〉のモーニングの食パン。関東で珍しい厚切り。

昭和29年創業、四谷〈珈琲 ロン〉で味わうトースト。

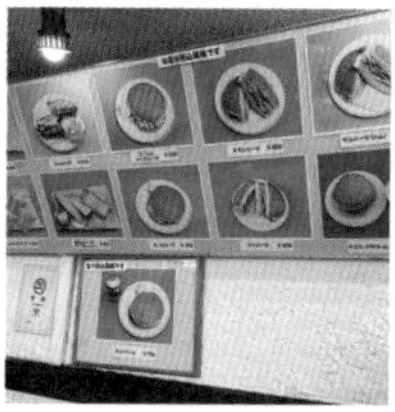

ハンバーガーのバンズ的な、錦糸町〈トミィ〉のホットケーキ。

近所の散歩は、西荻窪〈しみずや〉の、くまサブレバッグで。

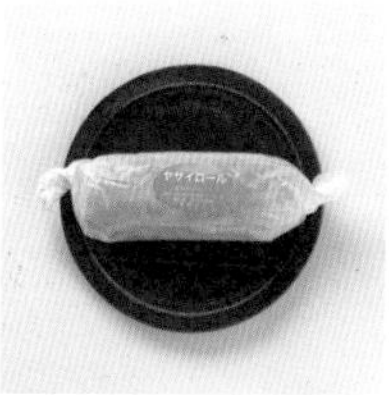

早朝に開店する、神戸〈青谷ベーカリー〉の「ヤサイロール」。

ぱんじゅうの愛らしさに目が留まる。兵庫〈ニシカワ食品〉。

ボリューム満点、銀座〈喫茶アメリカン〉の「タマゴサンド」

「クリームボックス」を買うために、郡山〈大友パン〉。

〈トラヤあんスタンド〉の「あんペースト」は家に常備。

青森〈工藤パン〉。太宰治の生誕110年を記念したパン。

パンのお供。〈青森リンゴ加工〉の、りんごといちごジャム。

壁に描かれた絵が愛らしい、愛媛・松山〈ベーカリー三葉屋〉。

大阪〈純喫茶アメリカン〉。サンドイッチやホットケーキの箱。

千駄木〈リバティ〉。15年近く前に出会って以来の大ファン。

本店は学校の校舎のような造りをしている盛岡〈福田パン〉。

松山〈三葉屋〉。味付パンとは、いわゆるコッペパンのこと。

昭和25年創業のハンバーガーショップ、仙台〈ほそやのサンド〉。

〈リバティ〉とコラボさせていただいた、文房具や雑貨。

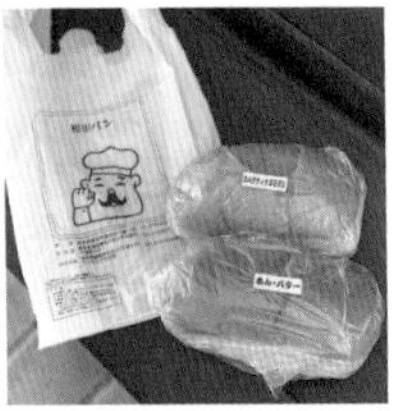
わらじのような大きさで、食べ応えたっぷりの〈福田パン〉。

山梨・河口湖〈FUJISAN SHOKUPAN〉の、「富士山食パン」。

〈ほそやのサンド〉。店で味わい、おかわりにテイクアウトも。

小伝馬町〈チガヤベーカリー〉の「クリームドーナツ」。

田辺みやげとして制作を手がけた、「パンダのパン」グッズ。

「あげパン」やメロンパンも作る、広島・廿日市〈津保美堂〉。

和歌山・上富田〈三栖セ〉で購入した、昔ながらのパン。

かつて広島〈アンデルセン〉で通販できたカエルと犬のパン。

和歌山・田辺にあった〈ノギ製パン所〉。パンダのパンは愛称。

新幹線に乗るときの、食事はほとんど、サンドイッチ。

西荻窪〈えんツコ堂製パン〉のチョコパン「西荻ハリーくん」。

いろいろな百貨店や商業施設の、地元パンのイベントを監修。

ぶどうパンが名物。田原町〈ブーランジェ ボワ・ブローニュ〉。

童話的な世界の世田谷〈ニコラス精養堂〉のクッキーとパン。

宮崎〈ミカエル堂〉。「ぱん」と書かれた店先の看板が好き。

〈ミカエル堂〉の「バンズ」には、レーズンとジャムが。

京都〈亀屋良長〉の「スライスようかん」は、トーストのお供。

山形・川西町〈パリドール・サノ〉で「ダリアパン」を購入。

〈大阪新阪急ホテル〉の土日祝限定パン「いろねこ食パン」。

新宿〈ベルク〉では、パンメニューにビールを合わせることも。

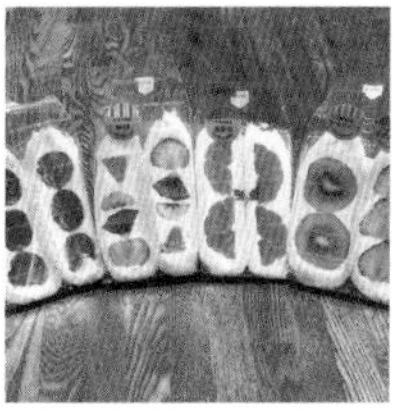

地元・富士宮で大人気〈望月商店〉のフルーツサンド。

老舗の味を受け継ぐ、福岡〈フランソア〉の「まるあじ」。

原宿〈コロンバン〉の「フルーツサンド」は忘れられない味。

生駒〈パン工房ペンギンクン〉から、ペンギンパンを持ち帰る。

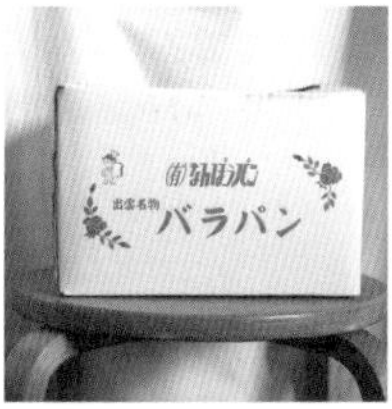

パンを注文すると届く段ボールまで、深い愛着が湧いてくる。

〈フランソア〉の「久留米ホットドッグ」も懐かしの味。

馬喰町〈調理パンの店 いづみ〉で「コーヒーゼリーサンド」。

朝食に、人形町〈サンドウィッチパーラーまつむら〉の食パン。

自分のブランド「ロル」で作った、地元パントートバッグ。

神戸〈フロインドリーブ〉のモーニング。美しいパンのカット。

福岡・筑紫野〈コッペリア〉にも、お花のようなパンがあった。

この日の新幹線のお供は、浅草〈ヨシカミ〉のカツサンド。

喫茶店の
パンメニュー

喫茶店で過ごすときも、気になるのは、
やっぱりパンを使ったメニュー。朝や昼
やおやつに味わった、パンメニューたち。

「くるみパン」の看板も愛おしい、東京・向島「カド」。

東京・平井〈ワンモア〉の、レモン付き「フレンチトースト」。

向島〈カド〉の「自家製くるみパンのサンドウィッチ」は絶品。

老舗の味を受け継いだ、京都〈マドラグ〉の「コロナサンド」。

京都・出町柳〈コーヒーハウスマキ〉のモーニングセット。

甲府でパン屋巡りをする途中、立ち寄った喫茶店〈俺の巴里〉。

東京〈紅鹿舎〉で半世紀以上愛される「元祖ピザトースト」。

サービス満載、和歌山・田辺〈亜土里絵〉のモーニング。

60年ものの器具で焼く、浦和〈恵比寿屋喫茶店〉のトースト。

甲府〈俺の巴里〉では「玉子サンド」を、みんなで分け合う。

新潟〈香里鐘〉では、〈冨士屋古町本店〉特注パンを味わえる。

名古屋〈なごのや〉の「たまごサンド」。本間製パンを使用。

東京・神田〈珈琲専門店エース〉の、元祖「のりトースト」。

東京・神田〈珈琲ショパン〉の、甘じょっぱい「アンプレス」。

有楽町〈はまの屋パーラー〉で、玉子とチーズのサンドイッチ。

東京・鶯谷〈デン〉の名物。食パン×グラタン「グラパン」。

地元・静岡の〈喫茶ポプラ〉。「フルーツサンド」でひと休み。

京都〈スマート珈琲店〉で、好物の「フレンチトースト」を。

まるでケーキ、京都〈自家焙煎ヤマモト〉の「フルーツサンド」。

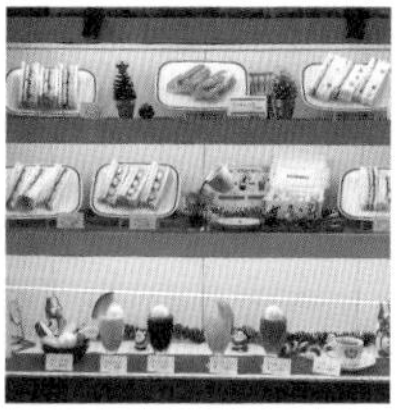

名古屋〈コンパル〉は、「エビフライサンド」が名物メニュー。

店先に暖簾が揺れる〈ミルクホール モカ〉。昭和30年代創業。

東京・北千住〈ミルクホール モカ〉で味わう「ホットドッグ」。

和歌山・田辺〈喫茶ビートル〉。「有料道路のホットドッグ」。

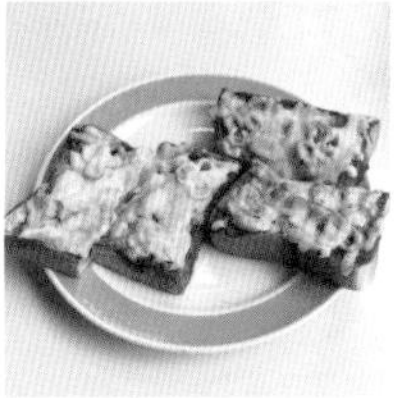

具材たっぷり、高崎〈喫茶コンパル〉の「ピザトースト」。

アイスをのせた、合羽橋〈オンリー〉の「ハニートースト」。

南千住〈オンリー〉のトーストは、〈ペリカン〉のパンを使用。

東京・谷中〈カヤバ珈琲〉の定番メニュー「たまごサンド」を。

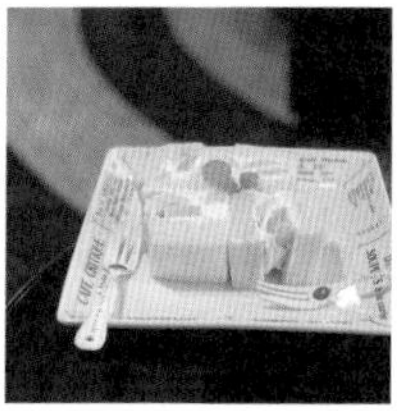

モダンな内装、有楽町〈喫茶ストーン〉の「フルーツサンド」。

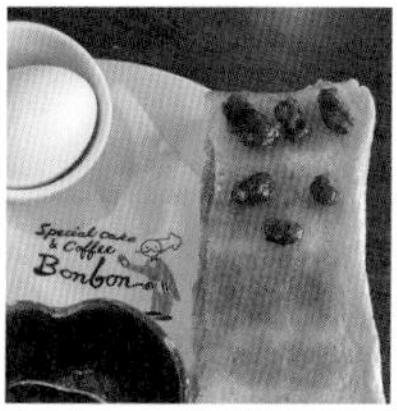

名古屋〈純喫茶ボンボン〉のパンに、小豆で顔を描いて楽しむ。

名古屋〈サンモリー〉。愛らしい飾りの「フルーツサンド」。

故郷・富士宮〈望欧亜〉の「シナモンクリームトースト」。

京都〈喫茶ゾウ〉では、「みそ屋のたまごサンド」を注文。

3種の味が楽しめる、代々木〈トム〉の「焼サンドウィッチ」。

盛岡〈ティーハウス リーベ〉で出合った〈福田パン〉のパン。

京都〈Kaikado Café〉の「あんバタ」は中村製餡所の粒あん。

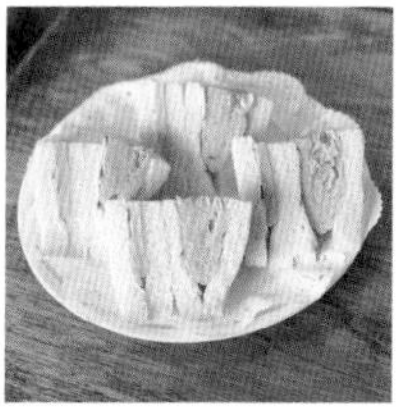

京都の朝食は、〈喫茶チロル〉で、玉子とハムのサンドイッチ。

愛らしい外観の、京都〈COFFEE ポケット〉でモーニング。

〈布屋パン〉のパンで作る、八王子〈憩〉の「玉子サンド」。

今の私の地元は東京。日々を楽しむために自分だけのジンクスを持っているのだけれど、そのひとつが「東京のまちなかで、木村屋總本店のトラックを見た日は、いいことがおこる」ということ。

私と旅とパン ❹

〈故郷・静岡のパン〉

Column

私のなによりの地元パンは、故郷・静岡に根付くパン。帰省したり、旅するさなかで味わいながら、懐かしい記憶までも噛みしめる。

串田孫一の絵のお皿にのせて、江戸屋本店の名物・クリームパンを。地元の「あさぎり牛乳」を使って炊き上げたカスタードがたっぷり。

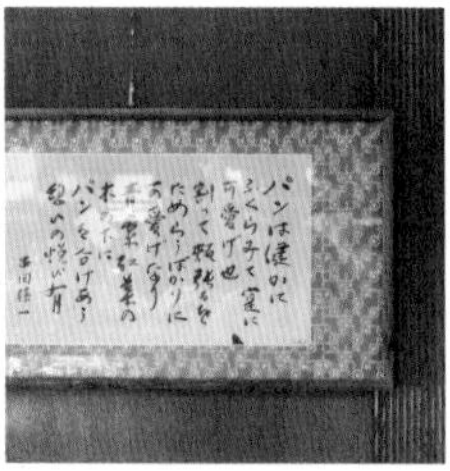

ギャラリーを併設する江戸屋本店を訪れ文化的な雰囲気を気に入った串田孫一。江戸屋のためにパンを「可愛げ」と表す文を残した。

創業は明治2年、富士宮いちの老舗パン屋「江戸屋本店」。名物はクリームパン。紙袋の絵は串田孫一。幼少期に通った大好きな店。

生まれ育った町を離れて20年が経つ。その間、町の景色は随分変わり、年に一度の帰省時は、すっかり旅するような心持ちだ。そんな中、子どもの頃に通った店が、記憶の情景と違わずくっきり目の前に現れると切にほっとする。日曜日の昼、教会学校帰りに母と通った目抜き通りの「江戸屋」にも、変わらぬ味が並んでいた。

富士宮市のみならず静岡メイドのパンならば、どれもがみな故郷の味。帰省の他に仕事や旅で訪れるとき、空腹でなくともつい手がのびる。京都暮らしをしていたとき、同郷の後輩が帰省するたび「のっぽパン」を買って帰ってきてくれて、ひとちぎりずつ大事に食べた。私も今、同郷の友へのみやげは、地元パンと決めている。

訪れた時期は異なり、現在は状況が変わっているところもあるため各店へのお問い合わせはご遠慮下さい。（P.58～61、141、144～146、224～228）

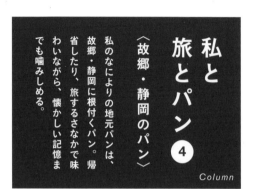

静岡市「パン サンジュ」のメロンパン「お堀カメ」は、駿府城のお堀で泳ぐカメをイメージ。黄色はプレーン、緑色は緑茶風味。

鍋と飯ごうで焼き上げる、「いでぼく」の「牧場まかないパン」。朝霧高原の開拓者が昭和初期から守ってきた伝統製法を受け継ぐ。

高校時代、塾前に食べていた「のっぽパン」は、静岡県東部生まれのソウルフード。「丹那牛乳」とのコラボレーションを帰省時に。

太宰治も好んで訪れた昭和7年創業の「ララ洋菓子店」の天然酵母パン。80年代少女漫画調のイラストに丸文字の袋入り。

静岡駅近くの「クリタパン」の袋。静岡おでんの名店「おにぎりのまるしま」とセットで訪れる。名物は「めんたいフランス」。

カンパンや源氏パイでも知られる浜松・三立製菓が、昭和49年に発売した「かにぱん」。全国で販売される静岡自慢の地元パン。

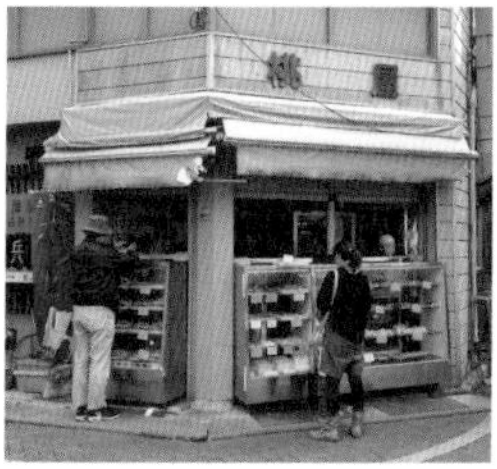

もとは肉屋だった沼津の「桃屋」。今もコロッケやからあげが並ぶ。メンチなどをパンにはさんで売りはじめたのは、昭和39年から。

桃屋のサンドには2種類のソースが。ひとつは辛味のソース。もうひとつは和風の甘いたれ。常連それぞれ好みの味が決まっている。

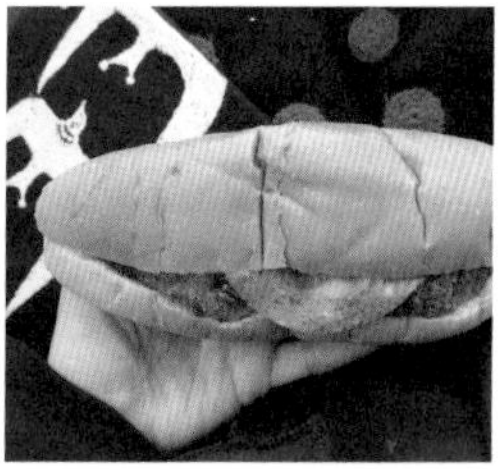

コロッケ、ハムカツ、ハムが入った桃屋の「お好みサンド」。沼津育ちの友に「私の地元パンといえばここ」と教えてもらった。

※コラム「私とパンと旅」①～⑤は、著者が実際に旅先で訪ねて食したパンやその店の様子を書き留めた当時の記録を元にした、旅のルポルタージュです。

私と旅とパン 5

Column

〈パンの友だち 牛乳・コーヒー〉

地元パンと同じほど、旅先での楽しみは、地元の牛乳やコーヒーを味わうこと。これまで採集した瓶やパックのパンのおとも、大集合。

旅先でのパン採集と同じほど楽しみなのが、地元のスーパーで過ごすとき。時間が限られていたり、重い荷物を抱えていたり、不自由が多い旅の道中。効率よくその土地ならではの食材を探すため、自分なりの売

6

4

2

1

3

7

5

9

8

1／広島で明治から牛乳事業をはじめた「チチヤス」の「給食牛乳」 2／三重へお伊勢参りに出かけたときコンビニで求めた「大内山コーヒー」 3／「佐渡乳業」の牛乳パックはトキのデザイン 4／長野・小布施で昭和25年から続く「オブセ牛乳」 5／福島・郡山で、「クリームボックス」のおともに飲んだ「酪王カフェオレ」 6／山形旅では温泉入浴後に「やまベジャージー牛乳」を 7／福島「会津中央乳業」の「ソフトクリーミィヨーグルト」。女の子のキャラクターは地元で「あの子」と呼ばれる。 8／伊勢神宮外宮前の「山村乳業 みるくがっこう」。牛乳、コーヒー、プリン、ソフトクリーム、あれこれ味わえる 9／滋賀・米原にそびえる伊吹山の麓で育った乳牛からしぼった「伊吹牛乳」とコーヒー

訪れた時期は異なり、現在は状況が変わっているところもあるため各店へのお問い合わせはご遠慮下さい。（P.58～61、141、144～146、224～228）

り場を巡る順番がある。スーパーの扉の向こう側へ一歩踏み入れ、前のめりな気持ちを落ち着かせながら、いの一番に向かうのが、牛乳・乳製品売り場。新鮮さが求められる牛乳だから、全国的に知られる大手メーカーの製品の隣で、地元で採れた牛乳や、コーヒー牛乳が見つかる。その日に泊まるホテルがすぐ近くにあれば、小さなパックを求めてホテルの部屋の冷蔵庫に保管し、翌朝地元パンとともに味わう。たまたまその場に食いしん坊が勢揃いしていたとき、紙コップで少しずつ分け合い味見をしたことも。直売店や道の駅、温泉施設に、ぽってり口あたりのいい瓶入りがあれば、ごくごく喉を鳴らしながら疲れを癒す。お菓子好きが高じて地元パン採集をはじめ、地元パンを愛するゆえに、パンのよき友である、牛乳やコーヒーまでにも食指が動くように。〃好き〃がするする広がって、慕わしい味が増えていく。

10

11

12

13

14

15

16

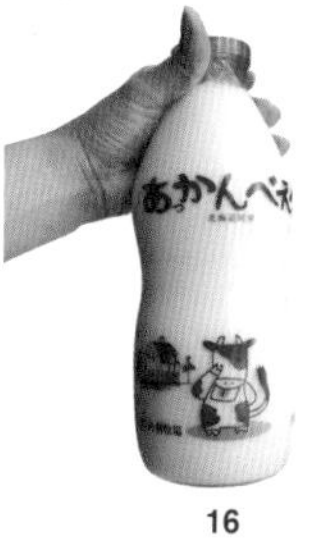

17

18

19

10／兵庫の温泉入浴後に京都「丹後ジャージー牛乳」 **11**／兵庫の豊岡・城崎へ滞在時、いつも朝飲む平林乳業の「ヒラヤコーヒー」 **12**／「すずらんコーヒー」は中央アルプス千畳敷の遊歩道周遊後に **13**／神奈川旅の帰路で見つけた足柄乳業「きんたろう牛乳」 **14**／北海道を旅する途中「オホーツクあばしり牛乳」を紙コップでごくごく **15**／山形・酒田のパン屋で出合った「田村牛乳」 **16**／北海道・阿寒の丹羽牧場「あっかんべぇー牛乳」 **17**／静岡の実家に常備する「朝霧乳業」の牛乳とアイスクリーム **18**／和歌山旅でのおなじみの味「尾鷲牧場」のカフェ・オレ **19**／鹿児島県酪「農協コーヒー」。南日本酪農協同の乳酸菌飲料「ヨーグルッペ」と「スコールウォーター」も

※コラム「私とパンと旅」①～⑤は、著者が実際に旅先で訪ねて食したパンやその店の様子を書き留めた当時の記録を元にした、旅のルポルタージュです。

26

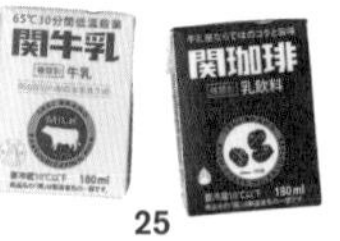

25

24

23

22

20

21

29

28

27

30

35

34

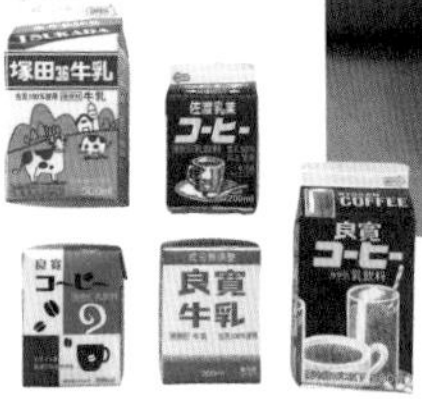

31

39

38

37

36

33

32

20／富山「とやまアルペン乳業」の牛乳と「カウヒー（コーヒー）」。　**21**／静岡・富士宮の学校給食で親しまれる「ふじのくに富士山ミルク」。　**22・23**／宮崎「白水舎乳業」の牛乳とカフェ・オーレ。ユニークな絵のパッケージに惹かれて購入。　**24**／北海道・函館の小高い丘の上にある牛乳工場「函館酪農」の函館牛乳。　**25**／岐阜・関市で70年以上の歴史ある「関牛乳」の牛乳とコーヒー。　**26**／大分の学校給食でも親しまれる九州乳業の「みどり牛乳」は、昭和39年生まれ。　**27**／岩手の北上高地に位置する「不二家乳業」の牛乳。岩手や宮城で購入できる。　**28**／熊本「らくのうマザーズ」の大阿蘇牛乳とカフェ・オ・レ。　**29**／昭和43年の誕生以来、四国で愛される愛媛「らくれん」のコーヒー。　**30**／宮崎でおなじみの「ヨーグルッペ」が北海道にも！北海道日高乳業が製造。　**31**／新潟の牛乳コーナーは楽しい！「塚田牛乳」と「良寛牛乳」を買い込んで。　**32**／宮崎・都城の南日本酪農協同「デーリィコーヒー」。　**33**／山梨「武田牛乳」を使ったプリン。ゾウの「まいぼん」が愛らしい。　**34**／岐阜・高山「飛騨牛」の、コーヒーとパイナップル味のフルーツ牛乳を電車の中で。　**35**／愛知・常滑市で昭和初期から続く「常滑牛乳」。瓶のマークがエッシャーの絵のよう。　**36**／長崎「ミラクル乳業」のラクレンコーヒー。潔いデザイン。　**37**／デザインに一目惚れした、山形・天童「富士乳業」の牛乳パック。　**38**／宮崎・日向のスーパーで出合った「丸山乳業」の牛乳。　**39**／「シュッポッポ牛乳」という愛称で親しまれる、長野の「野辺山高原牛乳」。昭和50年に誕生。

日本の
パンのはじまりは
銀座から

日本のパンの原点は、銀座にあり。「木村屋總本店」の歴史を辿れば、普段当たり前に食べているパンが、ぐっと身近に感じられる。

Column

銀座にくれば、必ずパンを買って帰る。上京のたび、幼い私の手をとって、華やかな銀座の通りをうれしそうに歩く母がそうしていたように。

もとは明治生まれで、新しいもの好きの祖父の習慣だったらしい。御殿場から東京へと勤めに出ていた祖父は、早い時間に仕事が終われば、田舎で待つ家族のために買いものをして帰った。そうして銀座帰りの夜は、片手に流行の文具や日用品、片手にパンの袋を抱え、子どもたちと祖母それぞれに、みやげとして手渡していたという。もちろん田舎にもパン屋はあったけれど、翌朝の食卓に並ぶ銀座メイドのパンの香りを、母は日本で一番優雅な街の匂いと感じ、とびきり贅沢な朝食を噛み締めていたそうだ。

そんな母の記憶を受け継いで、私も銀座で過ごした翌朝は、昨日眺めたショーウインドーや、歩いた道の景色を思い返しながら、こんがりふんわり温めなおしたパンをほおばる。

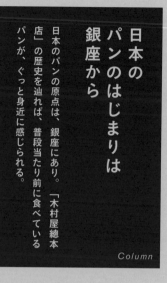

今は、スーパーやコンビニで、手軽にパンが買える時代。忙しかったり、急を要するときは便利だが、売り場と工場が隣り合わせにあるパン屋で、香ばしい焼きたての匂いを吸い込みながら選ぶパンは、格別おいしい。

年に幾度か、静岡から歌舞伎座に通う父と、昼の部の終演後に、父娘でお酒を飲むことがある。待ち合わせは、決まって銀座三越のライオン像前。ことと定めた酒場へ向かう前、まず横断歩道を渡り、銀座木村家へと立ち寄る。求めるものはいつも同じ。「元祖酒種あんぱん五色詰め合わせ」と、それから食パン。わが家の朝食は昔から、父と姉がお米派で、母と私がパン派と分かれていた。

祖父譲りで、今も毎朝パンを食べる母の、翌日の朝食となるように。お酒を飲んだあと父を見送る夜の東京駅で、芳醇な香りがふわりとこぼれるパンの包みを「お母さんにね」と預ける。

銀座木村家の母体となる木村屋總本店（正式には、両者は現在、関連会社の関係。銀座4丁目の独立店舗を、ここでは銀座木村家と記す）は、日本人が初めて開いたパン屋。明治２（１８６９）年の創業時は、文英堂という屋号で、現在の新橋駅ＳＬ広場付近、芝・日陰町に店舗を構えた。

日本のパンの歴史は、鉄砲やキリスト教と同じく、戦国時代にはじまる。宣教師、フランシスコ・ザビエルらが普及のきっかけをつくるも日本人の口に合わず、幕府がキリスト教を禁止してからは、長崎県の出島で、西欧人のため細々とつくられたのみ。

「日本人による日本人のためのパン」を最初につくったのが、兵糧のためパン窯を築き大量生産したことで、「パンの祖」と呼ばれた江戸時代後期の伊豆の代官・江川太郎左衛門。保存と携帯に適したそれは、煎餅よりも堅く、パサパサとした食感だった。その後、鎖国令が解かれると、外国人居留地に指定された横浜に外国人経営のパン屋が誕生する。

横浜を訪れる機会のあった木村屋總本店創業者・木村安兵衛と、その息子・英三郎は、これから日本人はなにを暮らしの糧にしたらよいか考えてパンにたどりつき、日本人初のパン屋を開業するに至る。ところが店をはじめた当初、米やうどんと、噛みやすい主食を嗜好する日本人に、ヨーロッパふうの堅いパンは受け入れられず、試練の日々。柔らかいパン生地を開発すべく、試行錯誤が繰り返された。

転機が訪れたのは、文英堂から屋号を木村屋に改め、銀座煉瓦街に進出した明治７（１８７４）年（当時は、現在の銀座木村家の向かい側に位置していた）。その頃の東京は、貿易港の横浜と違い、食パンを膨らませるホップの入手は困難だった（ちなみに今ではパンづくりにあたりまえのイースト菌の存在も、日本ではまだ知られていなかった）。そこで誕生したのが、米と麹を熟成させた酒種酵母菌で発酵した生地で、餡を包んで焼き上げるあんぱん。酒まんじゅうから着想を得た、和洋折衷の菓子パンである。

イースト菌ならば4時間ほどでできあがるパンも、酒種酵母菌を使えば丸一日かかる。酒種パン独特の香りや食べ口は、手間と時間の成果。銀座木村家には、他店にはない「酒種室」なる部署があり、脈々と、元祖自然酵母パンの製法が守られている。

酒種あんぱんの定番といえば、「桜、小倉、けし、うぐいす、白」の五品。そこに季節ごとの限定が加わる。最初につくられたのは、表面にけしの実をちらしたこし餡の「けし」と、てっぺんにふたつ窓があいたつぶ餡の「小倉」。続いて明治8（1875）年、山岡鉄舟の導きで明治天皇に献上された「桜」が生まれた。八重桜の塩漬けが埋め込まれたあんぱんは、明治天皇のお気に召し、大衆の間でも一躍話題に。「文明開化の味がする」「木村屋のパンを食べれば脚気《かっけ》が治る」と、当時かけそば一杯の値段と変わらぬあんぱんを求めて、銀座に人が押し寄せた。

銀座木村家にはもうひとつ、日本初のパンがある。明治33（1900）年生まれのジャムパンだ。開発したのは、三代目・木村儀四郎。生地にジャムをはさんで焼くビスケットが発想の種であった。

焼きたてのパンを好むのは、日本人ならではのことらしい。日本一の立地と言っても過言ではない銀座木村家のビルには、7・8階にパン工場があり、常時焼きたてが店頭に並ぶ。

あんぱんもジャムパンも、酒種を用いたパンはみな、〝栂《つが》の木〟製の木箱に寝かせて売り場に出される。昔はパンが堅くなることを「パンが風邪をひく」と言ったそうだが、無添加のパンは風邪をひきやすい。丈夫で余分な水分を吸収する〝栂の木〟のベッドは、酒種ならではの風味を逃さず、同時にパンの表面をしっとり柔らかく保つという。

「餡パンの本家銀座のヘソにあり」とは、明治時代に詠まれた川柳。当時、あんぱんは「ヘソパン」の愛称で親しまれた。文明開化の頃は最先端だった店も、今では銀座で指折りの老舗に。日本で当たり前にパンが食べられるようになったのも、銀座のヘソがあってこそ。

【初出】「銀座百点」（銀座百店会）
2015年2月号
「おみやげは銀座パン」より一部転載

〃地元パン〃地域別索引

本書の主なコーナーで紹介したパンと
そのお店（製造元）を都道府県別に収録。
近くを訪れた際は店やスーパーに
立ち寄ってみてください。

※「地元パン®」は甲斐みのりの登録商標です。
本書を参考にイベント・催事などを行う場合は、
必ず事前にエクスナレッジ（発行元）か
Loule（甲斐みのり事務所）にご連絡ください。

〈宮城県〉

石井屋（メロンパン P.77）
宮城県仙台市青葉区上杉1-13-31
TEL／022-223-2997

小山支店（クリームパン、ジャムパン他 P.12）
宮城県柴田郡川崎町大字前川字中町20-2
TEL／0224-84-2071

広進堂（記念パン、恋人パン P.129）
宮城県仙台市若林区荒町28
TEL／022-222-2271

―

〈福島県〉

大友パン店（クリームボックス P.194）
福島県郡山市虎丸町24-9
TEL／024-923-6536

オカザキドーナツ（水虫パン P.133）
福島県福島市仲間町9-12
TEL／024-523-2563

清川製菓製パン店（清川製パン）
（油パン P.161）
福島県伊達郡川俣町字本町38
TEL／024-565-3436

光月堂
（うわさのプリンパン P.168）
福島県福島市豊田町4-1
TEL／024-522-0320

なかやパン店（ガトーナカヤ）
（クリームボックス P.194）
福島県郡山市開成3-12-12
TEL／024-932-2133

原町製パン（よつわりパン P.120）
福島県南相馬市原町区本陣前3-1-5
TEL／0244-23-2341

パン工房 カギセイ
（フルーツパン P.165）
福島県須賀川市上北町50-1
0248-73-2645

二葉屋パン店（元祖コーヒーパン P.103）
福島県郡山市堂前町25-21
TEL／024-932-1095

白石食品工業
（マーガリンサンド P.100）
岩手県盛岡市黒川23-70-1
TEL／019-696-2111（本社）

相馬屋菓子店
（ジャムパン P.78）
岩手県宮古市西町2-3-27
TEL／0193-62-1729

福田パン盛岡本店
（あんバターサンド他 P.114）
岩手県盛岡市長田町12-11
TEL／019-622-5896

横澤パン店
（連結ロール P.135）
岩手県盛岡市三ツ割1-1-25
TEL／019-661-6773

―

〈秋田県〉

三松堂（あんドーナツ P.179）
秋田県秋田市中通5-7-8
TEL／018-833-8401

たけや製パン
（バナナボート他 P.11、アベックトースト P.101、
学生調理 P.124、ビスケット P.164）
秋田県秋田市川尻町字大川反233-60
TEL／018-864-3117

武藤製パン（チョコバターサンド P.118）
※閉業

山口製菓店
（アンドーナツ P.160）
秋田県大館市山館字田尻238
TEL／0186-49-6619

―

〈山形県〉

たいようパン
（ベタチョコ P.82）
山形県東置賜郡高畠町大字深沼2859-6
TEL／0238-52-1331（工場直営店）
TEL／0238-52-1331（本社）

りょうこく（開きチョコ P.82）
※閉業

太豊パン店（食パン P.100）
長野県飯田市松尾町1-13
TEL／0265-22-1443

辰野製パン工場
（ココナツアンパン P.68、
食パンピーナツ P.99、牛乳パン P.198）
長野県上伊那郡辰野町大字平出1818-1
TEL／0266-41-0482

小古井菓子店
（うずまきパン P.134）
長野県下高井郡山ノ内町大字平穏2114
TEL／0269-33-3288

中村屋パン店
（カステラパン P.151、牛乳パン P.198、
頭脳パン 小倉＆ネオ P.202）
長野県中野市三好町1-3-58
TEL／0269-22-2451

ブーランジェリーナカムラ
（牛乳パン P.196）
長野県塩尻市大門七番町8-3
TEL／0263-52-3145

丸六田中製パン所
（すずらんあんパン P.132）
長野県駒ヶ根市赤穂7855-1
TEL／0265-82-3838

モンドウル田村屋
（牛乳パン、カステラジャム他 P.14）
長野県佐久市中込2438
TEL／0267-62-0463

モンパルノ
（牛乳パン P.199）
※閉業

矢嶋製パン
（ほんとうのアンパン他 P.15、頭脳パン P.201）
長野県長野市信州新町新町26
TEL／026-262-2076

〈栃木県〉

石窯パン工房 きらむぎ
（パンの缶詰 P.134）
栃木県那須塩原市東小屋字砂場368
TEL／0287-74-2900

ロミオ イトーヨーカドー郡山店
（ロミオのクリームボックス P.195）
福島県郡山市西ノ内2-11-40
イトーヨーカドー郡山店 1階
TEL／024-939-1220

〈新潟県〉

いのや商店（牛乳パン P.196）
新潟県糸魚川市本町6-8
TEL／025-552-0260

岡村製パン店
（カステラパン P.149、牛乳パン P.198、
サンドパン P.207）
新潟県上越市寺町2丁目9-13
TEL／025-523-3518

小竹製菓（サンドパン P.207）
新潟県上越市南高田町3-1
TEL／025-524-7805

こまち屋（ぽっぽ焼き P.177）
新潟県新発田市大栄町2-7-10
TEL／0254-20-8906

スペイン石窯 パンのカブト（サンドパン P.207）
新潟県新潟市中央区女池上山5-4-35
TEL／025-283-4741

デイリーヤマザキ新潟大島店
（大島あんぱん P.65）
新潟県新潟市中央区大島17-9
TEL／025-288-0221

頓所製パン
（シュガーリーフ、カステラパン他 P.13）
新潟県新潟市西蒲区巻甲564
TEL／0256-72-2213

中川製パン所
（三色パン他 P.12、カステラサンド P.150）
新潟県佐渡市栗野江1502-8
TEL／0259-66-3165（本社）

〈長野県〉

かねまるパン店（牛乳パン、コーヒー牛乳パン P.197）
長野県木曽郡木曽町福島5354
TEL／0264-22-2437

西村パン
（サラダパン P.108）
茨城県水戸市常磐町2-3-22
TEL／029-221-5318

美よしの菓子店
（コッペパンのラスク P.164）
茨城県古河市本町3-2-17
TEL／0280-32-0748

〈埼玉県〉

伊藤製パン
（頭脳パン P.201）
埼玉県さいたま市岩槻区末田2398-1
TEL／048-798-9862（お客様相談室）
※頭脳パンは終売

三恵商事
（ベビーあんドーナツ P.179）
埼玉県戸田市美女木6-17-11
TEL／048-421-0013

〈千葉県〉

木村屋製パン
（カステラパン P.152）
千葉県東金市東金1275
TEL／0475-52-2202（本社）

中村屋 館山駅前店
（特製あんパン・こしあんパン P.64）
千葉県館山市北条1882
TEL／0470-23-2133

ピーターパン
（ニコニコピーナツ P.138）
千葉県船橋市海神3-24-14
TEL／047-410-1021

プレセンテ
（ひびわれボール P.170）
千葉県千葉市稲毛区轟町2-4-22
TEL／043-284-3450

山口製菓舗
（コッペパンアンバタ P.66、サンオレ P.104、
木の葉パン P.176、甘食 P.177）
千葉県銚子市清川町2-1122
TEL／0479-22-4588

温泉パン（元祖温泉パン P.131）
栃木県さくら市早乙女95-6
TEL／028-686-1858

〈群馬県〉

アジア製パン所
（玉子パン P.111）
群馬県前橋市岩神町2-4-26
TEL／027-231-4020

オリンピックパン店（食パンサンド P.97）
群馬県吾妻郡中之条町965-2
TEL／0279-75-2408

グンイチパン本店
（グンイチのカリカリメロンパン P.77）
群馬県伊勢崎市除ヶ町10
TEL／0270-32-1351（本社）

小松屋（花ぱん P.174）
群馬県桐生市本町4-82
TEL／0277-44-5477

シャロンフシミヤ
（元祖みそパン P.206）
群馬県沼田市西倉内町809-1
TEL／0278-22-4181

新田製パン
（メロンパン P.77、
昔ながらの給食コッペパン P.116、栄養パン P.128）
群馬県太田市本町25-33
TEL／0276-25-3001

〈茨城県〉

池田屋菓子舗
（ケーキパン P.169）
茨城県石岡市府中5-1-34
TEL／0299-22-2083

今見屋パン店
（カステラパン P.148）
茨城県石岡市国府6-1-27
TEL／0299-22-6038

キムラヤ
（かすてらパン P.152）
※閉業

Bakery&Cafe マルジュー大山本店
（元祖コッペパン P.73）
東京都板橋区大山町5-11
TEL／03-5917-0141

リバティ
（うさぎパン P.84）
東京都台東区谷中3-2-10
TEL／03-3823-0445

—

〈神奈川県〉

ウチキパン
（イングランド P.94）
神奈川県横浜市中区元町1-50
TEL／045-641-1161

湘南堂
（クリームパン P.85）
神奈川県藤沢市片瀬海岸1-8-36
TEL／0466-22-4727

かもめパン本店
（給食あげパン P.123、ぶどうの夢 P.126）
神奈川県横浜市南区永田東2-10-19
TEL／045-713-9316

北原製パン所
（ポテチパン他 P.184）
神奈川県横須賀市追浜本町1-3
TEL／046-865-2391

コテイベーカリー
（シベリア P.159）
神奈川県横浜市中区花咲町2-63
TEL／045-231-2944

白ばらベーカリー
（三色パン他 P.183）
神奈川県横須賀市公郷町3-103-8
TEL／046-851-1717

中井パン店
（ポテチパン他 P.181）
神奈川県横須賀市三春町1-20
TEL／046-822-3567

横須賀ベーカリー
（ソフトフランス他 P.188）
神奈川県横須賀市若松町3-11
090-2148-2279

〈東京都〉

カトレア洋菓子店（元祖カレーパン P.72）
東京都江東区森下1-6-10
TEL／03-3635-1464

銀座木村家
（酒種あんぱん 桜、ジャムパン P.72）
東京都中央区銀座4-5-7
TEL／03-3561-0091

サンドウイッチパーラー・
まつむら（日本橋製パン）
（ちくわドッグ P.105）
東京都中央区日本橋人形町1-14-4
TEL／03-3666-3424

関口フランスパン
（フランスパン バゲット P.73）
東京都文京区関口2-3-3
TEL／03-3943-1665

第一屋製パン
（アップルリング P.166）
東京都小平市小川東町3-6-1
TEL／042-348-0211（代表）

タカセ池袋本店
（カジノ、ファンタジークリーム他　P.20）
東京都豊島区東池袋1-1-4
TEL／03-3971-0211

チョウシ屋
（コロッケパン P.74）
東京都中央区銀座3-11-6
TEL／03-3541-2982

ニコラス精養堂（食パン P.94）
東京都世田谷区若林3-19-4
TEL／03-3410-7276

スイーツ＆デリカ Bonna（ボンナ）
新宿中村屋
（元祖クリームパン P.73）
東京都新宿区新宿三丁目26番13号
新宿中村屋ビル 地下1階
TEL／03-5362-7507

ペリカン
（ロールパン P.111）
東京都台東区寿4-7-4
TEL／03-3841-4686（〜15時30分まで）

丸二製菓 こんがりあん
(キリンちゃん P.86)
静岡県下田市西中12-8
TEL／0558-22-2481

ヤタロー
(かすてらぱん P.150)
静岡県浜松市東区丸塚町169
TEL／053-461-8150(本社)

〈愛知県〉

オカザキ製パン
(甘味食パン P.91)
愛知県岡崎市赤渋町字圦ノ口50番地
TEL／0564-52-2511

きよめ餅総本家
(きよめぱん P.173)
愛知県名古屋市熱田区神宮3-7-21
TEL／052-681-6161

こらくや(シベリヤ P.158)
※閉業

敷島製パン
(サンドロール P.119)
愛知県名古屋市東区白壁5-3
TEL／0120-084-835(お客さま相談室)

八楽製パン
(ウエハウスパン P.167)
愛知県新城市杉山字柴先17-1
TEL／0536-22-2212

フジパン
(スナックサンド タマゴ P.75)
愛知県名古屋市瑞穂区松園町1-50(フジパン本社)
TEL／0120-25-2480(フジパンお客様相談室)

ボン・千賀
(パピロ、レモンパン他 P.28)
愛知県豊橋市駅前大通1丁目28
TEL／0532-53-5161

ヤマトパン(たけの子パン P.131)
愛知県豊川市古宿町市道43
TEL／0533-86-2147
〈直営店〉ファヴール
愛知県豊川市古宿町市道43
TEL／0533-86-2147

ワカフジベーカリー
(ポテチパン他 P.186)
神奈川県横須賀市舟倉1-15-8
TEL／046-835-0548

〈山梨県〉

ずんちゃんパン(UFO牛乳他 P.46)
山梨県甲府市上石田2-9-7
TEL／055-228-0745

萩原製パン所
(学校パン P.124)
山梨県山梨市落合392
〈販売店〉JAフルーツ山梨直売所 八幡店
TEL／0553-22-2077

丸十山梨製パン本店
(レモンパン他 P.47、ビーフカレーパン P.110)
山梨県甲府市丸の内2-28-6
TEL／055-226-3455

まるや(玉子パン他 P.50)
山梨県甲州市塩山上於曽1104
TEL／0553-33-2356

町田製パン(祝パン P.124)
山梨県甲州市塩山上於曽401
TEL／0553-33-2034

ルビアン不二(カメパン他 P.48)
山梨県甲府市国母5-4-1
TEL／055-224-4481

〈静岡県〉

岡田製パン
(岡パンのメロンパン P.77)
静岡県掛川市日坂174
TEL／0537-27-1032

粉とたまごの工房 ふじせいぱん
(ようかんぱん P.155)
静岡県富士市蓼原1178-3
TEL／0545-51-2128

清水屋パン店
(ジャムソボロパン P.79)
静岡県賀茂郡松崎町江奈228-1
TEL／0558-42-0245

富山製パン
（ベストブレッド P.81）
富山県富山市秋ヶ島269-1
TEL／076-429-3585

羽馬製菓
（あんドーナツ P.178）
富山県南砺市下梨2096
TEL／0763-66-2536

〈石川県〉

佐野屋製菓製パン
（コーヒートースト P.102、
ホワイトサンド P.191、
頭脳パン P.200）
石川県七尾市矢田町2-10
TEL／0767-52-0665（本社）

多間本家
（ホワイトパン P.192）
石川県珠洲市飯田町12-5
TEL／0768-82-0567

ニューフルカワ
（塩辛パン他 P.57）
石川県輪島市気勝平町52-37
TEL／0768-22-4325

パンあづま屋
（頭脳パン他 P.17、ホワイトサンド P.190）
石川県小松市土居原町112
TEL／0761-22-2625

ブランジェタカマツ
（ホワイトサンド P.192）
石川県金沢市吉原町イ241
TEL／076-258-0241

〈福井県〉

オーカワパン
（タマゴンボール、マリート他 P.19）
福井県坂井市丸岡町猪爪2-501
TEL／0776-66-0237

だるま屋
（かたパン P.162）
福井県敦賀市金山72-11-3
TEL／0770-22-5541

ヨシノパン よしのベイカリー
（デセール P.87）
※閉業

中屋（あんドーナツ P.161）
愛知県名古屋市千種区今池1-9-16
TEL／052-731-7945

〈三重県〉

島地屋餅店（焼パン P.162）
三重県伊勢市常磐2-5-19
TEL／0596-28-0930

大栄軒製パン所
（あんパン、うぐいすパン P.67、
ピーナッツパン P.138）
三重県四日市市朝日町1-10

亀井堂（モアソフト P.90）
三重県松阪市川井町828-7
TEL／0598-21-1608

丸与製パン所（あんどーなつ、ハチミツパン他 P.22）
三重県伊勢市八日市場町1-26
TEL／0596-28-2708

リスドール（パッション、マロンパン他 P.24）
三重県四日市市富田4-2-3
TEL／059-365-0945

〈岐阜県〉

コガネパン
（ピーナツバター・ピーナツサンド P.139）
岐阜県岐阜市柳津町上佐波西1丁目127
TEL／0120-708-712

〈富山県〉

さわや食品
（ハーフムーン他 P.16、フランスパン P.86、
コーヒースナック P.103）
富山県射水市広上2000-35
TEL／0766-51-6388

清水製パン（ヒスイパン P.154）
富山県下新川郡朝日町金山406
TEL／0765-82-0507（本社）

窯出しぱん工房 ロンパル
（ハニードーナツ P.178）
大阪府大阪市大正区千島1丁目23-115
千島ガーデンモール内
TEL／06-6554-3526

サガン製パン
（サガンの菓子パン、
いちごジャムパン他 P.25）
大阪府泉佐野市日根野2165-5
TEL／072-467-0256

ヌーベルキムラヤ
（シューバター P.88）
大阪府大阪市城東区新喜多東1-9-9
TEL／06-6968-5306

YKベーキングカンパニー
（サンミー P.81）
大阪府大阪市東淀川区豊新2-16-14
TEL／0120-470-184（お客様センター）

〈奈良県〉

オクムラベーカリー
（バタークリーム、メロンロール他 P.33）
奈良県橿原市雲梯町227
TEL／0744-22-2936

マルツベーカリー
（ストロングブレッド他 P.54、パピロ P.87）
奈良県桜井市桜井196
TEL／0744-42-3447

〈和歌山県〉

名方製パン
（フレッシュロール P.117）
和歌山県和歌山市布引774
TEL／073-444-6418

室井製パン所
（ホームパン他 P.56）
和歌山県日高郡みなべ町東吉田129-1
TEL／0739-72-2344

ララ・ロカレ
（くまぐすアンパン P.64）
和歌山県田辺市上屋敷2-6-7
TEL／0739-34-2146

マルサパン
（マルサパン、バタートースト他 P.18）
福井県福井市手寄1-16-6
TEL／0776-21-3695

ヨーロッパン キムラヤ
（大福あんぱん、梅えくぼ P.67、
ハーフタイプ食パン P.91、
軍隊堅パン P.163）
福井県鯖江市旭町2-3-20
TEL／0778-51-0502

〈滋賀県〉

つるやパン本店
（サラダパン、サンドウィッチ他 P.21）
滋賀県長浜市木之本町木之本1105
TEL／0749-82-3162

〈京都府〉

ササキパン
（サンライズ、メロンパン他 P.6）
京都府京都市伏見区納屋町117
TEL／075-611-1691

志津屋 本店
（カルネ P.113）
京都府京都市右京区山ノ内五反田町10
TEL／075-803-2550

SIZUYAPAN京都駅店
（しずやぱん P.71）
京都府京都市下京区東塩小路町8-3
JR京都駅八条口
TEL／075-692-2452

進々堂 寺町店
（レトロバゲット"1924" P.112）
京都府京都市中京区寺町通竹屋町
下る久遠院前町674
TEL／075-221-0215

〈大阪府〉

朝日製パン
（堺ちん電パン P.96）
大阪府堺市堺区東雲西町1-2-22
TEL／072-238-5481（本社代表）

〈広島県〉

オギロパン本店
(メロンパン、コッペパン P.76、
しゃりしゃりパン P.116)
広島県三原市皆実3-1-32
TEL／0848-62-2383

住田製パン所(チョコパン P.80、ネジパン P.178)
広島県尾道市向島町24-1
TEL／0848-44-0628

タカキベーカリー
(復刻版デンマークロール、
復刻版ダニッシュロール P.169)
広島県広島市安芸区中野東3-7-1
TEL／0120-133-110
(お客様相談室／9時～17時、土日祝日・年末年始を除く)

福住フライケーキ(フライケーキ P.179)
広島県呉市中通4-12-20
TEL／0823-25-4060

メロンパン本店(平和パン、ナナパン他 P.36)
広島県呉市本通7-14-1
TEL／0823-21-1373

〈鳥取県〉

亀井堂(サンドイッチ P.98、ラスク P.170)
鳥取県鳥取市徳尾122
TEL／0857-22-2100(本社)

神戸ベーカリー 水木ロード店
(鬼太郎パンファミリー P.136)
鳥取県境港市松ヶ枝町31
TEL／0859-44-6265

〈島根県〉

金井製菓製パン所
(キリンパン P.89、おはよう食パン P.91)
島根県隠岐郡隠岐の島町栄町811-21
TEL／08512-5-2031

木村家製パン
(ネオトースト他 P.38、
木村家ROSE P.204、法事パン P.210)
島根県出雲市知井宮町882
TEL／0853-21-1482(本社)

〈兵庫県〉

イスズベーカリー(ハード山食 P.90)
兵庫県神戸市兵庫区駅南通5-5-1
TEL／078-651-4180(本社)

オイシス
(キンキパン 元祖メロンパン P.78、ひねくれ棒 P.127、
キンキパン カステラサンド P.151)
兵庫県伊丹市池尻2丁目23番地
TEL／072-781-8331(本社)

ニシカワ食品
(きなこモッチー、にしかわフラワー他 P.26)
兵庫県加古川市野口町長砂799
TEL／079-426-1000(本社)

麦酵舎はらだ
(そばめしロール他 P.55)
兵庫県神戸市長田区六番町7-2
TEL／078-577-2255

パンネル
(山食「寿」P.92、天然酵母ジャパン P.113)
兵庫県宝塚市小林5-9-73
TEL／0797-76-2987(パンネルおいしいパン便り係)

焼きたてのパン トミーズ 魚崎本店
(あん食 P.95)
兵庫県神戸市東灘区魚崎南町4-2-46
TEL／078-451-7633

〈岡山県〉

岡山木村屋
(スネーキ他 P.32、ドイツコッペ P.117)
岡山県岡山市北区桑田町2-21
TEL／086-225-3131(本社)
〈販売店〉おかやまキムラヤ
倉敷工場売店(6：00～22：00)
岡山県倉敷市中庄2261-2
TEL／086-462-6122

ベーカリートングウ
(油パン、バターロール他 P.30)
岡山県総社市駅前1丁目2-3
TEL／0866-92-0236

ニブベーカリー
(倉敷ローマン P.127)
※閉業

月原ベーカリー（みかんパン P.92）
愛媛県今治市朝倉上甲2461-5
TEL／0898-56-1120

三葉屋
（カスタードクリームパン P.85）
愛媛県松山市湊町3-5-24
TEL／089-921-1616

〈高知県〉

永野旭堂本店
（ニコニコパン他 P.34、ぼうしパン P.193）
※閉業

菱田ベーカリー
（羊羹ぱん P.157）
高知県宿毛市和田340-1
TEL／0880-62-0278

ヤマテパン 工場店
（ぼうしパン P.193）
高知県高知市南久保16-10
TEL／088-884-9966

〈福岡県〉

木村屋工場売店
（ホットドッグ P.107）
※閉業

東京堂パン
（ホットドッグ P.107）
福岡県久留米市国分町216
TEL／0942-21-9658

シロヤ いっぴん通り店
（サーフィン P.171）
福岡県福岡市博多区博多駅中央街1番1号
TEL／092-409-2682

スピナ
（くろがね堅パン P.163）
福岡県北九州市八幡東区平野2-11-1
TEL／093-681-7350（商業レジャー部堅パン課）

リョーユーパン
（カステラサンド他 P.40、マンハッタン P.179）
福岡県大野城市旭ヶ丘1-7-1
TEL／0120-39-6794（お客様サービス係）

杉本パン
（ワレパン他 P.39）
島根県安来市黒井田町429-20
TEL／0854-22-2415

なんぽうパン
（バラパン P.203、法事パン P.211）
島根県出雲市知井宮町1274-6
TEL／0853-21-0062

PANTOGRAPH
（パンタグラフ）
（法事パンセット P.209）
島根県松江市末次町23
TEL／0852-21-5290

YKマツヤ
（法事パン P.208）
島根県松江市矢田町250番20
TEL／0852-24-2400

〈山口県〉

松月堂製パン
（さくらっ子、牛乳パン他 P.38）
山口県宇部市今村北4-25-1
TEL／0836-51-9611

〈香川県〉

マルキン製パン工場
（豆パン他 P.35、
フラワーブレッド バラ P.205）
※閉業

〈徳島県〉

ロバのパン坂本
（ロバのパン P.172）
徳島県阿波市吉野町柿原字西二条211-2
TEL／088-696-4046

〈愛媛県〉

うちだパン
（黒糖パン P.93）
愛媛県松山市中央1丁目12-1
TEL／089-989-7262

〈大分県〉

つるさき食品（三角チーズパン P.122）
大分県大分市大字迫1002番地
TEL／097-521-8847

〈宮崎県〉

ミカエル堂（ジャリパン P.116）
宮崎県宮崎市大塚町権現昔865-3
TEL／0985-47-1680

〈鹿児島県〉

イケダパン
（キングチョコ他 P.39、シンコム3号 P.131、
ラビットパン P.155）
鹿児島県始良市平松5000番
TEL／0120-179-081（フリーダイヤル）

大田ベーカリー
（ツイストドーナツ他 P.53）
鹿児島県鹿児島市伊敷8-21-20
TEL／099-220-6181

〈沖縄県〉

オキコパン（ゼブラパン P.140）
沖縄県中頭郡西原町字幸地371番地
TEL／098-945-5021

ぐしけん
（なかよしパン、健康パン他 P.42）
沖縄県うるま市字州崎12-90
TEL／098-921-2229（本社）

第一パン（チーマヨ P.106）
沖縄県那覇市首里石嶺町4-236
TEL／098-886-2018

ハマキョーパン
（ファミリーロール P.87）
沖縄県糸満市西崎町4-15
TEL／098-992-2037（本社）

富士製菓製パン
（うず巻パン P.164）
沖縄県宮古島市平良字西里1135-1
TEL／0980-72-2541（本社）

〈熊本県〉

真生堂（金時パン他 P.35）
熊本県山鹿市山鹿282
TEL／0968-43-2888

高岡製パン工場（ネギパン P.125）
熊本県熊本市東区栄町1-11
TEL／096-368-2550

万幸堂（メロンパン P.78）
熊本県荒尾市四ツ山町3-2-10
TEL／0968-62-0323

吉永製パン所
（バラエティミニパンセット P.137）
熊本県天草市牛深町1124
TEL／0969-72-3418

〈佐賀県〉

アメリカパン（ダイヤミルク P.117）
佐賀県鹿島市大字納富分2904
TEL／0954-62-3218

欧風パン ナカガワ（きな粉パン P.121）
佐賀県鳥栖市松原町1725-5
TEL／0942-83-7832

〈長崎県〉

長崎杉蒲
（伝承ハトシサンド P.130）
長崎県長崎市大浜町1592
TEL／095-865-3905

蜂の家 レストラン
（カレーパン P.110）
長崎県佐世保市栄町5-9 サンクル2番館1階
TEL／0956-24-4522

パン工房 蓮三（かもめパン P.131）
長崎県諫早市川床町258-1
TEL／0957-56-9870

ぱんのいえ
（本家サラダパン P.109、焼りんご P.166）
長崎県西彼杵郡時津町浜田郷565-13
ロードマンション1階
TEL／095-881-7676

◎下記は『地元パン手帖』
（甲斐みのり・著／グラフィック社・発行／2016年）
からの再録です。

P.22-23, 34-35, 64, 72-73, 74, 75, 76, 77, 79,
81, 82, 83, 84, 85, 86-87, 94-95, 98, 99, 100-101,
103, 104, 105下, 107, 108, 109, 110, 111,
113下, 114-115, 116-117, 118, 120, 121, 124,
125, 127上, 128, 129, 131, 133, 134, 136,
150, 152, 153, 154, 155, 157, 158, 159, 160, 161上,
162-163, 164, 167, 170下, 171, 172, 176下, 177上,
190, 192, 193, 194, 196, 199, 200, 201, 203, 204, 205

コラム①〜⑤、日本のパンのはじまりは銀座から
（P.58-61, 141, 144-146, 224-225, 226-228, 229-231）

Collection ※一部新規追加
（P.44, 62, 142-143, 180, 212）

memo

日本全国 地元パン

2023年4月21日 初版第1刷発行

著 者 甲斐みのり

発行者 澤井聖一

発行所 株式会社エクスナレッジ

〒106-0032

東京都港区六本木7-2-26

https://www.xknowledge.co.jp/

問合せ先

編 集 TEL：03-3403-1381

FAX：03-3403-1345

info@xknowledge.co.jp

販 売 TEL：03-3403-1321

FAX：03-3403-1829

甲斐みのり●1976年静岡県生まれ。文筆家。旅、散歩、お菓子、手みやげ、建築、雑貨や暮らしなどを主な題材に、書籍や雑誌に執筆。「地元パンミニミニスクイーズシリーズ」（ケンエレファント）、「地元パン文具」（フロンティア）の監修も手がける。著作は、ドラマ「名建築で昼食を」の原案にもなった『歩いて、食べる 東京のおいしい名建築さんぽ』、『歩いて、食べる 京都のおいしい名建築さんぽ』（共にエクスナレッジ）、『たべるたのしみ』（ミルブックス）、『一泊二日 観光ホテル旅案内』（京阪神エルマガジン社）、『クラシックホテル案内』（KKベストセラーズ）、『アイスの旅』（グラフィック社）、『にっぽん全国おみやげおやつ』（白泉社）など50冊以上。

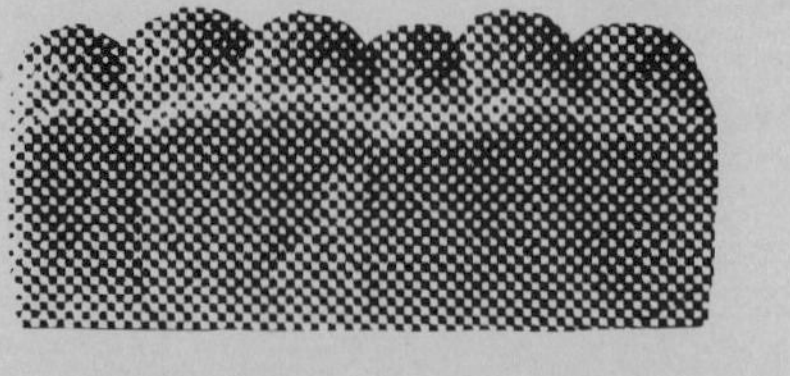